Statics

만화로 보는 정역학

김대중 · 모귀석 공저

도서출판
구미서관

머리말

토목공학 분야의 국가기술자격시험에서 응용역학은 필수과목이다. 응용역학은 정역학, 재료역학 및 구조역학을 포함하고 있다. 이 책은 정역학(Statics) 부분에 해당한다.

정역학(Statics)은 토목공학의 핵심적인 기초과목이다. 이 정역학은 토목공학을 전공하는 대학생이 맨 처음으로 접하는 토목분야 전공교과목인데, 학생들은 매우 난해한 과목으로 인식하여 학습동기 부여에 어려움이 많다. 따라서 이 책은 정역학에 대한 핵심 개념을 만화를 통해 이해하기 쉽게 전달하여 수상사들의 학습동기를 유발할 수 있고, 대학의 공학 기초교육에 적합한 만화로 기본 개념을 설명하는 학습 컨텐츠로 개발하였다.

끝으로 이 책이 토목공학을 전공하는 학생들에게 기초적인 역학 지식을 이해하는데 조금이나마 도움이 되었으면 한다.

2009년 12월

저자 씀

목 차

Contents

chapter 03 트러스

chapter 04 단면의 성질

CHAPTER_01

chapter 01 서론

1-1 역학이란?

1-2 기본 개념

1-3 스칼라와 벡터

1-4 뉴톤 법칙

1-5 단위

chapter 01 | 서론

1-1 역학이란?

역학(Mechanics)은 힘을 받고 있는 물체의 정지상태나 이동상태 등의 물리적 현상을 설명하고 예측하는 응용 과학이다. 역학은 모든 공학의 기초 학문으로 공학적 해석에 있어서 필수적이다.

역학은 물체가 기체, 유체, 고체상태인가에 따라 열역학, 유체역학, 고체역학으로 나뉘며, 고체역학에서도 다루고자 하는 재료의 성질 등에 따라 표 1.1과 같이 나뉜다. 이 책에서는 정역학을 다루었다.

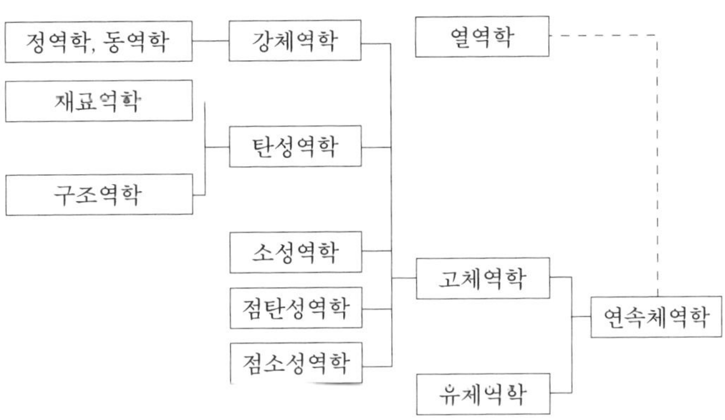

표 1.1 역학의 계통

정역학은 물체가 완전한 강체(rigid body)라고 간주하고 힘을 받고 있는 물체의 평형을 다루는 학문이다. 강체란 물체 내에서 두 점 사이의 거리가 변하지 않는 고체 즉, 힘이 작용하더라도 그 형상이 변하지 않는 물체를 말한다. 실제로 힘을 받는 물체는 변형이 생기므로 이 가정은 이상화

한 것이지 실제는 아니다. 그러나 변형이 매우 작을 경우 무시하더라도 실용상 지장이 없다.

재료역학은 물체에 작용하는 힘과 그 물체 안에서 발생하는 응력과 변형의 관계를 다루는 학문이다. 인간이 스트레스를 받는 것과 같이 물체에 힘이 작용하면 그 물체는 스트레스를 받으며 변형도 생긴다. 이 스트레스가 응력이며, 외부로부터 가해지는 힘과 응력이 평형을 유지해야 물체가 안전한 상태를 유지한다. 외부 힘이 커지면 내부저항력인 응력이 커져 평형을 유지하나, 스트레스가 어느 한계를 넘어서면 견디지 못하고 평형상태가 깨져 물체의 기능은 수명을 다하는 것이다. 재료역학의 주된 관심사는 외부 힘에 견딜 수 있는 물체의 강도와 변형을 만족하는 부재의 적절한 크기를 결정하는 것이다.

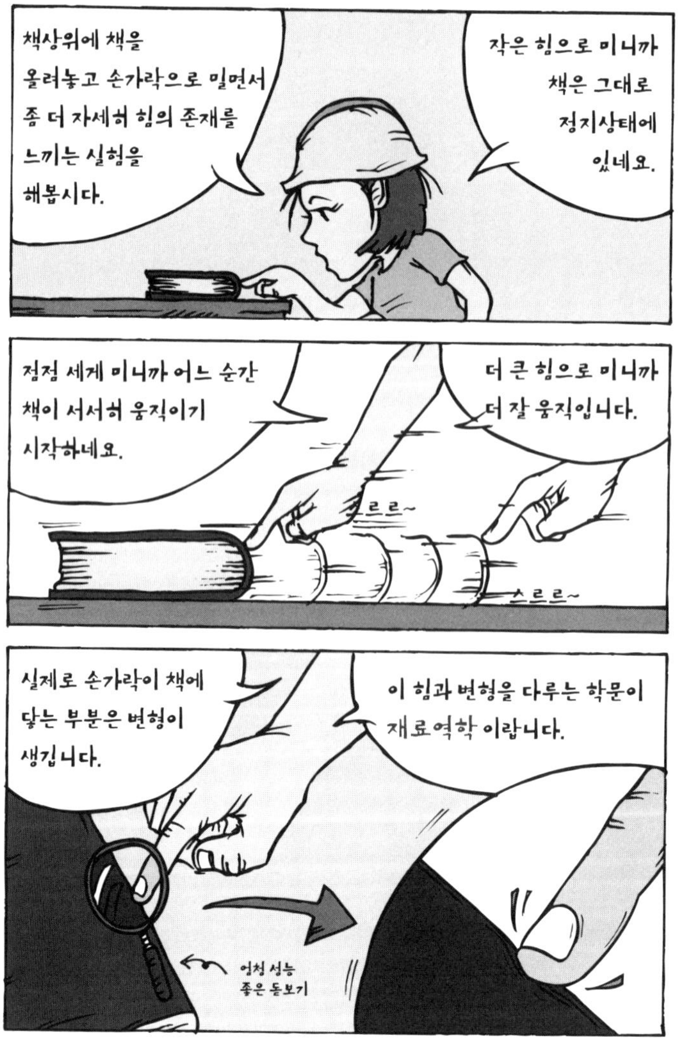

1-2 기본 개념

역학에 사용되는 기본 개념은 공간, 시간, 질량, 힘 등이다. 이 기본 개념에 대한 정의를 먼저 이해하는 것이 역학을 공부하는데 있어서 필수적이다.

공간(space)은 물체들에 의하여 점유되는 기하학적 영역으로써 그 위치는 기준좌표계에 대하여 선형측정과 각측정에 의해 표현할 수 있다. 공간은 3차원 문제로써 3개의 독립적인 좌표가 필요하다. 2차원 문제는 2개의 좌표가 필요하다.

시간(time)은 사건들의 연속의 척도이다. 시간은 동역학에 있어서 기본적인 양이나, 정역학에는 직접적으로 연관되지 않는다.

질량(mass)은 운동의 변화에 대한 저항을 나타내는 물체의 관성의 척도로써 모든 물체의 고유한 특성이며, 그것에 의하여 다른 물체들에 대한 상호인력이 생긴다.

힘(force)은 한 물체의 다른 물체에 대한 작용으로 물체의 정지상태 또는 움직이는 상태를 변화시키는 효과이다. 힘은 벡터량으로 그 크기, 방향, 작용점으로 표시된다. 힘에 대하여는 제2장에서 상세하게 논의될 것이다.

1-3 스칼라와 벡터

역학에서는 스칼라와 벡터라는 두 종류의 수량을 취급한다.

스칼라량(scalar quantities)은 단지 그 크기만이 관련되는 양이다. 스칼라량의 예로는 시간, 길이, 면적, 부피, 밀도, 속력, 질량 등이 있다.

벡터량(vector quantities)은 크기와 함께 방향을 가지고 있다. 벡터량의 예로는 변위, 속도, 가속도, 힘, 모멘트 등이다.

이 책에서는 벡터량은 진한 글씨체로 표시하고, 스칼라량은 이탤릭체로 나타내어 구분하였다.

1-4 뉴톤 법칙

아이삭 뉴톤경(Sir Isaac Newton ; 1642-1727)은 17세기 후반에 평형 법칙과 물체의 운동을 지배하는 세가지 법칙을 발견했다. 이 법칙들은 다음과 같다.

제1법칙. 물체에 작용하는 힘이 0일 때, 즉 물체에 불평형력이 작용하지 않는다면 그 물체는 정지해 있거나 등속직선운동을 한다.

제2법칙. 물체에 작용하는 힘이 0이 아닐 때, 즉 물체에 불평형력이 작용하면 그 물체는 힘의 방향으로 가속되며 가속도의 크기는 힘의 크기에 비례한다.

$$\boldsymbol{F} = m\boldsymbol{a} \tag{1-1}$$

여기서 $\boldsymbol{F}$ = 물체에 작용하는 힘

m = 물체의 질량

$\boldsymbol{a}$ = 힘에 의해 발생되는 물체의 가속도

제3법칙. 상호작용하는 물체들간의 작용력과 반작용력은 크기가 같고 방향이 반대이며 동일 직선상에 있다.

제1법칙은 물체의 평형조건으로 정역학의 기초를 이룬다. 작용하는 힘의 합계가 0이 되어 운동하지 않는다고 하는 조건, 즉 평형조건($\sum F_i=0$, $\sum M_i=0$)을 사용하여 물체 및 구조물을 해석한다.

1-5 단위

역학에서는 길이, 질량, 힘 및 시간의 양을 다룬다. 단위는 뉴톤 제2법칙(식 1-1)에 따르는 특성을 측정하는데 사용한다. 많은 단위체계가 있지만, 이 책에서는 우리 나라의 공학 분야에서 지금까지 사용하고 있는 물체의 무게를 기본 단위로 하는 중력단위계(MKS 단위계)와 최근 여러 나라에서 사용하고 있는 질량을 기본 단위로 하는 국제단위계(SI 단위계)를 사용하였다. 두 단위체계의 기본 단위와 부호를 표 1.2에 나타냈다.

지구의 중력가속도를 $\boldsymbol{g}$라 하면, 질량 m인 물체에 작용하는 중력 $\boldsymbol{W}$는 식 (1-1)로부터 다음과 같다.

$$\boldsymbol{W} = m\boldsymbol{g} \tag{1-2}$$

이 중력 $\boldsymbol{W}$가 질량 m인 물체의 지구상에서의 무게이다. MKS 단위계에서는 질량 1 kg의 물체에 작용하는 중력을 힘의 단위로 한 것이다. 즉, MKS 단위계에서의 힘의 기본 단위인 1 kgf(킬로그램힘)은 질량 1 kg의 물체가 지구 표면에서 받고 있는 중력의 크기와 같다.

표 1.2 중력단위계와 국제단위계의 기본 단위와 부호

기본 특성	차원 부호	중력단위계		국제단위계	
		기본 단위	부호	기본 단위	부호
길이	L	미터	m	미터	m
질량	M	킬로그램	kg	킬로그램	kg
시간	T	초	s	초	s
힘	F	킬로그램힘	kgf	뉴톤	N

SI 단위계는 물체의 고유한 양을 나타내며, 장소 및 주변의 조건이 변하더라도 그 값이 일정한 물체의 질량을 기준으로 한다. SI 단위계의 세 기본 단위는 길이를 미터(m), 질량을 킬로그램(kg), 시간을 초(s)로 한다. 힘의 단위는 뉴톤(newton ; N)이며, 식 (1-1)로부터 세 기본 단위의 항으로 나타낸 단위로 유도된다.

$$\boldsymbol{F} = m\boldsymbol{a}$$
$$1N = (1kg) \times (1m/s^2) = 1kg \cdot m/s^2$$

즉, 1N은 질량 1 kg의 물체에 작용하여 1 m/s^2의 가속도를 내게 하는 힘이다.

수량이 매우 크거나 작을 경우에는 접두어를 사용하며, 일반적으로 SI 단위계에서 사용하는 접두어를 표 1.3에 정리하였다.

접두어를 사용하면 수량을 간단하게 표시할 수 있다. 예를 들면 다음과 같다.

$$1kg = 1000g$$
$$1km = 10^3m=1000m$$
$$1m = 1000mm$$
$$1kN = 10^3N=1000N$$
$$4784m = 4.784km$$
$$67000N = 67kN$$

MKS 단위계의 힘 1 kgf을 SI 단위계의 힘의 단위인 N으로 환산하면

$$1kgf = (1kg) \times (9.81m/s^2) = 9.81kg \cdot m/s^2 = 9.81N$$

이다. 따라서 1 N의 힘은 MKS 단위계로는 $1N=\frac{1}{9.81}kgf$ 이다.

표 1.3 SI 단위계에서 사용하는 접두어

접두어	기호	곱하기 계수
기가(giga)	G	$10^9 = 1,000,000,000$
메가(mega)	M	$10^6 = 1,000,000$
킬로(kilo)	k	$10^3 = 1,000$
센치(centi)	c	$10^{-2} = 0.01$
밀리(milli)	m	$10^{-3} = 0.001$
마이크로(micro)	μ	$10^{-6} = 0.000001$
나노(nano)	n	$10^{-9} = 0.000000001$

chapter 02 힘과 모멘트

chapter 02 | 힘과 모멘트

2-1 힘

(1) 힘의 개요

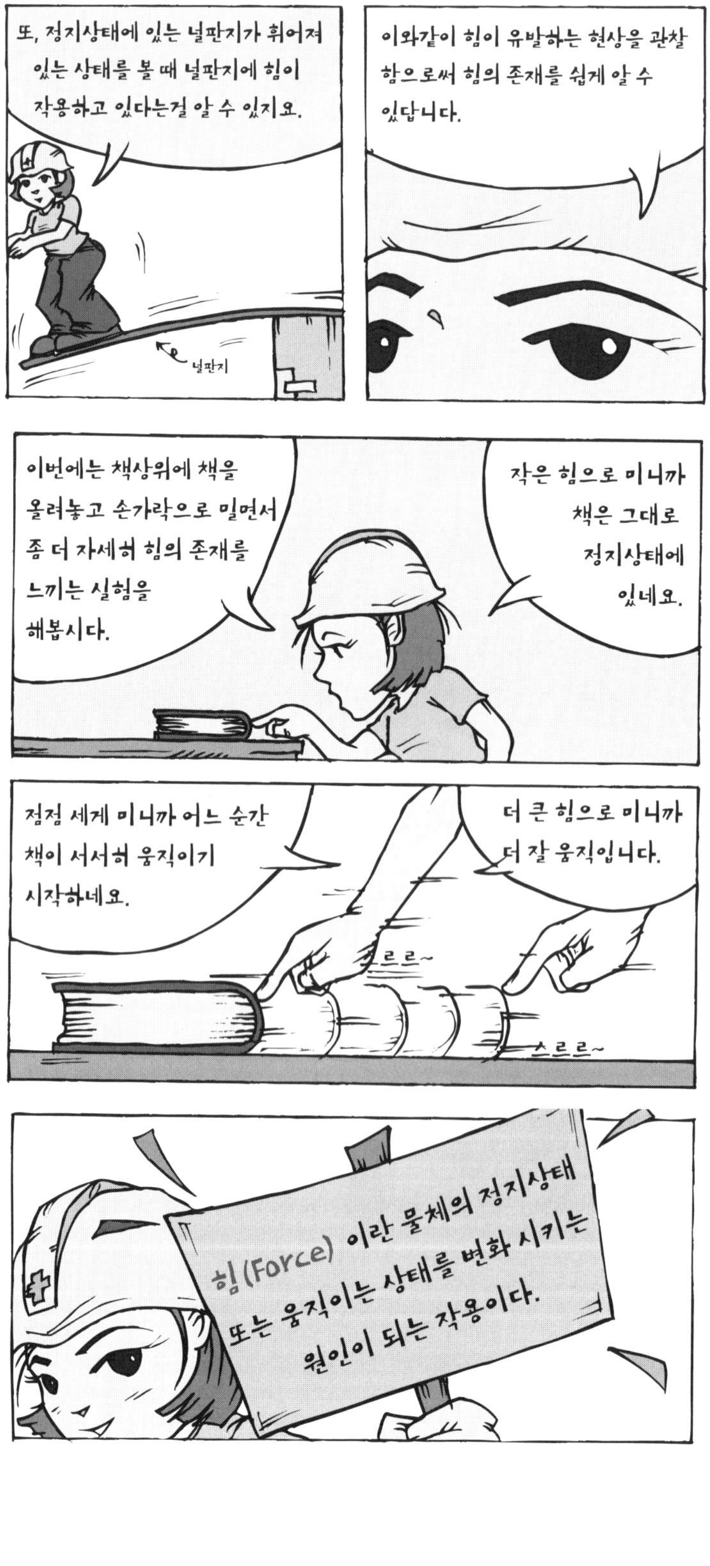
또, 정지상태에 있는 널판지가 휘어져 있는 상태를 볼 때 널판지에 힘이 작용하고 있다는걸 알 수 있지요.
널판지
이와같이 힘이 유발하는 현상을 관찰함으로써 힘의 존재를 쉽게 알 수 있답니다.
이번에는 책상위에 책을 올려놓고 손가락으로 밀면서 좀 더 자세히 힘의 존재를 느끼는 실험을 해봅시다.
작은 힘으로 미니까 책은 그대로 정지상태에 있네요.
점점 세게 미니까 어느 순간 책이 서서히 움직이기 시작하네요.
더 큰 힘으로 미니까 더 잘 움직입니다.
스르르~
스르르~
힘(Force) 이란 물체의 정지상태 또는 움직이는 상태를 변화 시키는 원인이 되는 작용이다.

힘(force)은 물제의 성지상태 또는 움직이는 상태를 변화시키는 원인이 되는 작용이다. 우리들은 힘이 일으키는 현상을 관찰함으로써 보이지 않는 힘의 존재를 느낄 수 있다. 예를 들어, 정지상태에 있는 널빤지가 휘어져 있는 상태나 용수철이 늘어나 있는 상태 등을 볼 때 널빤지나 용수철에 힘이 작용하고 있음을 알 수 있다.

책상 위에 책을 올려놓고 그림 2.1과 같이 손가락으로 책을 밀면서 힘의 존재를 느껴보도록 하자. 작은 힘으로 밀면 책은 그대로 정지상태에 있을 것이다. 점점 세게 밀면 어느 순간 책은 서서히 움직일 것이며, 더 큰 힘으로 밀면 더 잘 움직일 것이다. 이와 같이 힘이 유발하는 현상을 관찰함으로써 힘의 존재를 쉽게 알 수 있다.

그림 2.1에서 손가락이 책에 닿는 부분은 실제로 변형이 일어난다. 이 힘과 변형의 관계를 다루는 학문이 재료역학이다. 또, 이 때의 변형은 그 값이 매우 작기 때문에 무시하고, 즉 책은 손가락으로 힘을 작용하더라도 그 형상이 변하지 않는 강체로 간주하고 힘과 그 힘이 유발하는 현상을 규명하는 학문이 강체역학이다. 이때 정지상태를 다루면 정역학, 움직이는 상태를 다루면 동역학이다.

역학에서는 물체에 작용하는 힘과 그 힘이 유발하는 물체의 운동 및 변형 등의 거동(behavior)을 이해하는 것이 매우 중요하다. 보이지 않는 힘의 존재를 표시할 수 있다면, 역학 문제를 푸는데 도움이 될 것이다. 힘은 눈에 보이지 않지만 그림 2.1과 같이 화살표로 표시할 수 있다.

힘은 크기, 방향 및 작용점으로 완전하게 정의된다. 힘의 크기는 적당한 단위를 갖는 수로 표시한다. 힘의 방향은 화살표가 있는 선으로 나타내며, 이것을 힘의 작용선이라고 한다. 작용점은 힘이 작용하는 점이다.

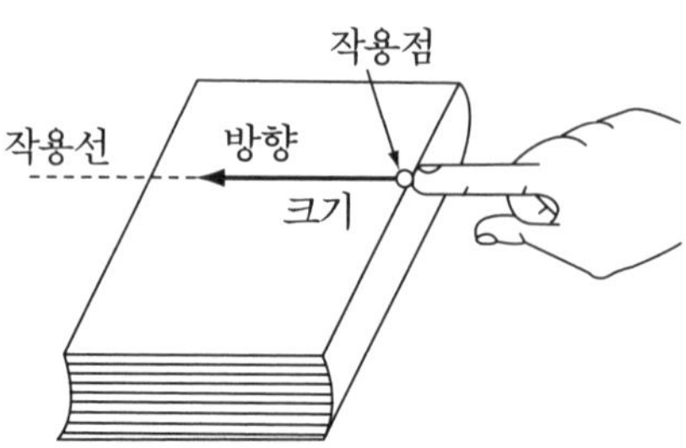

그림 2.1 힘의 존재 및 정의

(2) 역계의 종류

힘은 여러 힘들로 구성된 역계(force system)로서 다룬다. 힘들이 평면상에서 작용하면 평면력계라 하고, 3차원 공간상에서 작용하면 공간력계라고 한다. 또, 모든 힘의 작용선이 한 점을 통과하면 절점력이라 하고, 힘이 한 점에 작용하지 않으면 비절점력이라고 한다. 따라서 여러 힘들이 작용하는 역계는 다음과 같이 분류된다. 이 책에서는 평면력계만 다루기로 한다.

- 평면력계
  - 절점평면력계 : 그림 2.2(a) 참조
  - 비절점평면력계 : 그림 2.2(b) 참조
- 공간력계
  - 절점공간력계 : 그림 2.2(c) 참조
  - 비절점공간력계 : 그림 2.2(d) 참조

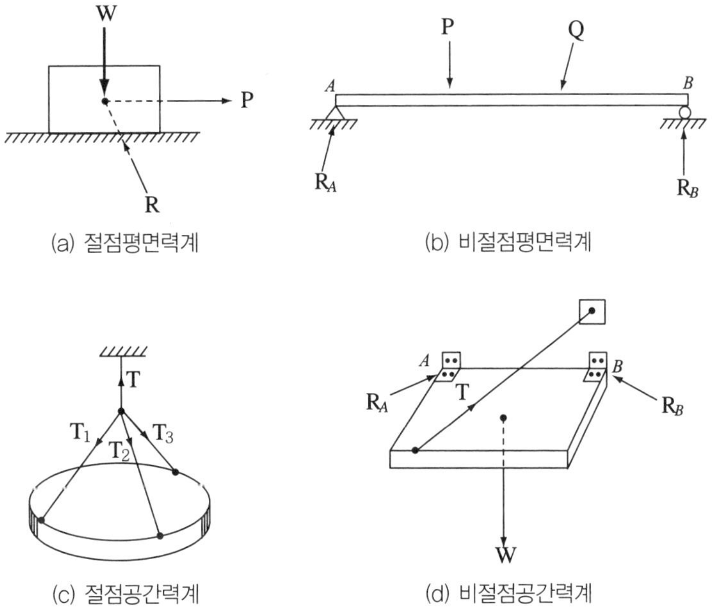

그림 2.2 역계의 분류

(3) 전달성 원리

전달성 원리는 강체에 작용하고 있는 힘의 작용점을 작용선을 따라 아무 위치에나 두어도 평형조건이나 강체의 운동은 변하지 않는다는 것이다.

강체의 한 점에 작용하는 두 힘이 비기고 있을 때, 즉 한 점에 작용하는 두 힘이 크기가 같고 방향이 반대일 때에는 그들 두 힘이 강체에 미치는 작용은 힘이 작용하고 있지 않은 경우와 마찬가지 효과를 보인다. 따라서 강체에 작용하고 있는 서로 비기고 있는 두 힘을 제거하거나 서로 비기는 두 힘을 가하여도 힘의 효과는 변하지 않는다. 그림 2.3(a)와 같이 임의의 한 점 A에 힘 P가 작용할 때, 그림 2.3(b)와 같이 점 B에 서로 비기는 두 힘 P_1, P_2 (P_1=P_2=P)를 가하여도 힘의 효과는 변화가 없다. 또, 그림 2.3(b)에서 P와 P_2는 크기가 같고 방향이 반대이며 같은 작용선상에 있는 비기는 두 힘이므로 제거할 수 있으며, 그림 2.3(b)는 그림 2.3(c)와 같이 표시할 수 있다. 따라서 그림 2.3(a)와 그림 2.3(c)에서 각각 힘 P와 힘 P_1이 강체에 미치는 효과는 같다. 이와 같이 강체에 작용하는 힘은 그 크기 및 방향을 바꾸지 않고, 그 작용점을 작용선상 위의 임의의 점으로 옮길 수 있다. 이것이 힘의 전달성 원리이다.

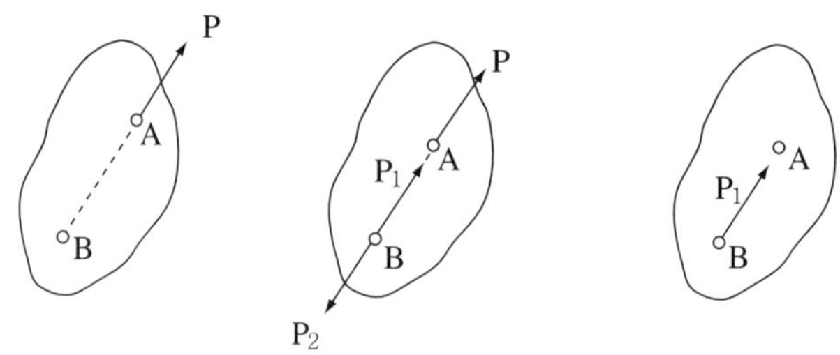

그림 2.3 전달성 원리

2-2 역학에 필요한 기초수학

(1) 피타고라스 정리 및 삼각함수의 정의

직각삼각형은 한 각이 직각인 삼각형이다. 그림 2.4는 C에 직각이 있는 직각삼각형이다. 각 A, B 및 C의 맞은편 변을 맞변이라고 하고, 각각 a, b 및 c로 표시한다. 직각의 맞변은 빗변이라고 한다. 그림 2.4에서 빗변은 c이다. 각 A에 대해 변 a를 맞변, 변 b를 인접변이라고 하고, 각 B에 대해 변 b를 맞변, 변 a를 인접변이라고 한다.

삼각형의 내각의 합은 180°이다. 직각삼각형은 한 각이 직각(각 C=90°)이므로,

$$A + B = 90^\circ \tag{2-1}$$

직각삼각형의 빗변의 제곱은 다른 두 변의 제곱의 합과 같으며, 이를 피타고라스 정리라 한다. 즉, 피타고라스 정리는

$$c^2 = a^2 + b^2 \tag{2-2}$$

직각삼각형의 삼각함수는 세 변 길이 사이의 비이다. 이 책에서 주로 사용하는 삼각함수는 사인(sin)함수, 코사인(cosine)함수 및 탄젠트(tan)함수이다. 이 세 삼각함수의 정의는 다음과 같다.

$$\text{사인함수} = \frac{\text{맞변}}{\text{빗변}} : \sin A = \frac{a}{c},\ \sin B = \frac{b}{c} \tag{2-3}$$

$$\text{코사인함수} = \frac{\text{인접변}}{\text{빗변}} : \cos A = \frac{b}{c},\ \cos B = \frac{a}{c} \tag{2-4}$$

$$\text{탄젠트함수} = \frac{\text{맞변}}{\text{인접변}} : \tan A = \frac{a}{b},\ \tan B = \frac{b}{a} \tag{2-5}$$

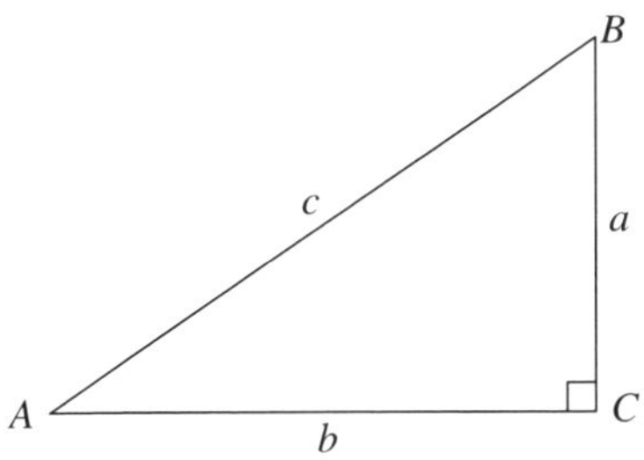

그림 2.4 직각삼각형

【예제 2-1】

옆 그림과 같은 직각삼각형의 빗변의 길이가 c=50cm 이고, 각 A의 크기가 30° 일 때, 나머지 두 변 a 및 b의 길이와 각 B의 크기를 구하시오.

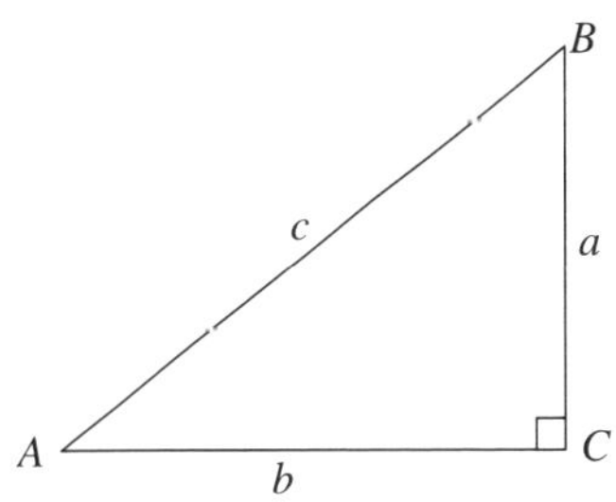

풀이 삼각형의 내각의 합은 180° 이다. 따라서 식 (2-1)로부터

$$30° + B = 90°$$

$$\therefore B = 90° - 30° = 60°$$

사인함수의 정의를 이용하면 다음 식을 세울 수 있다.

$$\sin A = \frac{a}{c},\ \sin B = \frac{b}{c}$$

따라서, $a = c\sin A = (50)\sin 30° = 25(\text{cm})$
$b = c\sin B = (50)\sin 60° = 43.3(\text{cm})$ 이다.

답 a = 25cm, b = 43.3cm, B = 60°

(2) 사인법칙 및 코사인법칙

예각삼각형과 둔각삼각형은 내각이 90° 인 각이 없는 삼각형이다. 그림 2.5(a)는 세 각이 모두 예각인 삼각형이고, 그림 2.5(b)는 한 각이 둔각인 삼각형이다. 어느 경우나 삼각형의 내각의 합은 180° 이다.

$$A + B + C = 180° \tag{2-6}$$

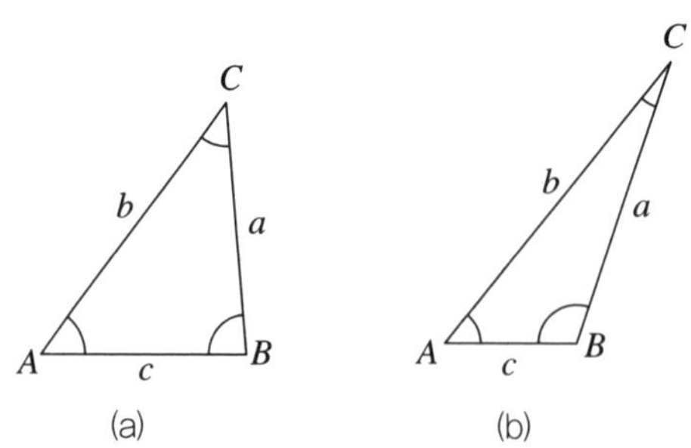

그림 2.5 예각삼각형과 둔각삼각형

사인법칙 : 삼각형의 어느 각에 대한 사인함수와 맞변의 비는 항상 같다.

$$\frac{a}{\sin A} = \frac{b}{\sin B} = \frac{c}{\sin C} \tag{2-7}$$

코사인법칙 : 삼각형의 어느 변의 제곱은 다른 두 변의 제곱에서 그 두 변과 사잇각의 코사인 함수를 곱한 값의 2배를 뺀 값과 같다.

$$a^2 = b^2 + c^2 - 2bc \cos A$$
$$b^2 = c^2 + a^2 - 2ca \cos B \qquad (2-8)$$
$$c^2 = a^2 + b^2 - 2ab \cos C$$

【예제 2-2】

옆 그림과 같이 지지된 브라킷에서, 봉 AB는 길이가 500mm 이고 연직면과 60°를 이루고 있다. 두 지점간의 거리는 600mm 이다. 봉 BC의 길이를 계산하여라.

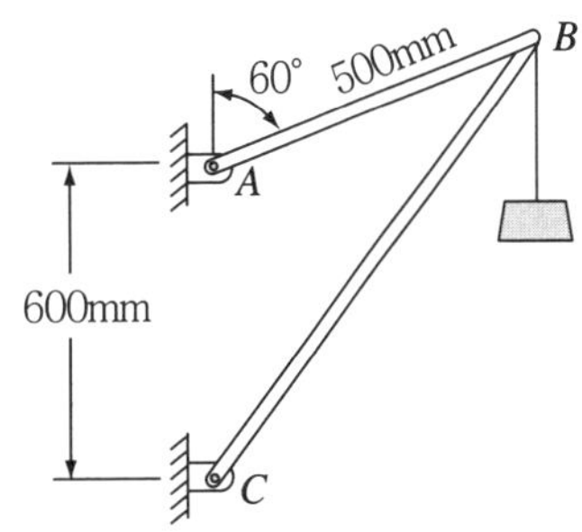

풀이 둔각삼각형 ABC에서 내각 A는

$$A = 180° - 60° = 120°$$

두 변의 길이와 그 사잇각을 알고 있으므로 코사인법칙 식 (2-8)을 적용하면

$$(BC)^2 = 500^2 + 600^2 - 2(500)(600)\cos 120°$$

윗 식으로부터 $BC = 954(mm)$

답 $BC = 954mm$

2-3 힘의 합성과 분해

(1) 개 요

강체에 작용하는 여러 힘들은 효과가 같은 하나의 힘으로 바꿀 수 있다. 이 치환된 하나의 힘을 **합력**(resultant)이라 한다. 여러 힘들의 합력의 크기, 방향 및 작용점을 구하는 것을 **힘의 합성**이라 한다. 또, 하나의 힘을 두 개 이상의 방향으로 나누어 힘의 효과를 파악할 필요도 있다. 이와 같이 하나의 힘을 두 개 이상의 방향으로 나눈 힘들을 **분력**이라고 하며, 분력을 구하는 것을 **힘의 분해**라 한다.

이 절에서는 평면력계에 국한하여 절점평면력의 합성과 분해, 모멘트의 개념, 힘의 변환 및 비절점력의 합성과 분해를 공부한다.

(2) 절점평면력의 합력

1) 평행사변형 법칙

힘은 벡터량이며, 벡터들은 평행사변형 법칙에 의해 더해진다. 그림 2.6에 평행사변형 법칙에 의해 두 힘을 더하는 것을 보였다. 두 힘 P와 Q를 두 변으로 하는 평행사변형을 그리고, 이 평행사변형의 꼭지점 A와 맞은 편 꼭지점을 잇는 대각선이 P와 Q의 합력 P+Q 이다.

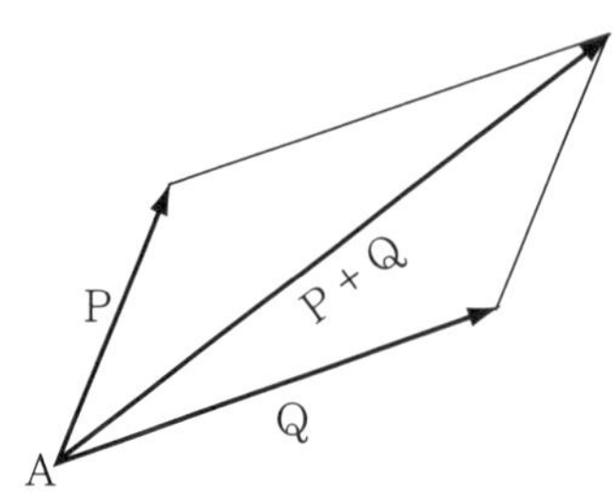

그림 2.6 평행사변형 법칙

2) 삼각형법

두 힘의 합력은 힘의 삼각형을 이용하여 구할 수도 있다. 그림 2.6에 보인 두 힘 P와 Q의 합력 P+Q를 삼각형법으로 구하여 보자. 그림 2.7(a)와 같이 힘 P는 A점에 그대로 고정시키고 힘 Q를 평행하게 이동하여 힘 P의 끝점에 놓은 후, A점과 힘 Q의 끝점을 연결하면, 이 변이 합력 P+Q 이다. 또, 그림 2.7(b)와 같이 힘 Q를 고정시켜도 같은 결과를 얻는다.

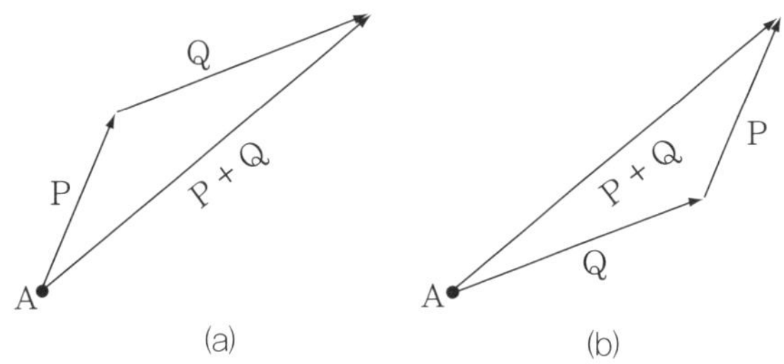

그림 2.7 삼각형법

두 힘의 합력을 힘의 삼각형에 대해 삼각함수법을 이용하여 구해 보자. 그림 2.8의 두 힘 P_1과 P_2의 합력은 평행사변형 법칙 또는 삼각형법에 의해 R이다. 그림 2.8의 점 C에서 힘 P_1의 작용선상에 내린 수선을 내려 만나는 점을 D라 하고, 직각삼각형 OCD에 대해 피타고라스 정리를 적용하면 합력 R의 크기를 구할 수 있다.

$$\overline{OC}^2 = \overline{OC}^2 + \overline{OC}^2 = (\overline{OC} + \overline{OC})^2 + \overline{OC}^2$$

$$\begin{aligned} R^2 &= (P_1 + P_2\cos\alpha)^2 + (P_2\sin\alpha)^2 \\ &= P_1^2 + 2P_1P_2\cos\alpha + P_2^2\cos^2\alpha + P_2^2\sin^2\alpha \\ &= P_1^2 + P_2^2(\sin^2\alpha + \cos^2\alpha) + 2P_1P_2\cos\alpha \\ &= P_1^2 + P_2^2 + 2P_1P_2\cos\alpha \end{aligned}$$

$$\therefore R = \sqrt{P_1^2 + P_2^2 + 2P_1P_2\cos\alpha} \qquad (2-9)$$

합력 R의 방향은 직각삼각형 OCD에 대해 탄젠트함수를 이용하면 다음과 같이 표시할 수 있다.

$$\tan\beta = \frac{\overline{CD}}{\overline{OD}} = \frac{\overline{CD}}{\overline{OA} + \overline{AD}} = \frac{P_2\sin\alpha}{P_1 + P_2\cos\alpha}$$

$$\therefore \beta = \tan^{-1}\left(\frac{P_2\sin\alpha}{P_1 + P_2\cos\alpha}\right) \qquad (2-10)$$

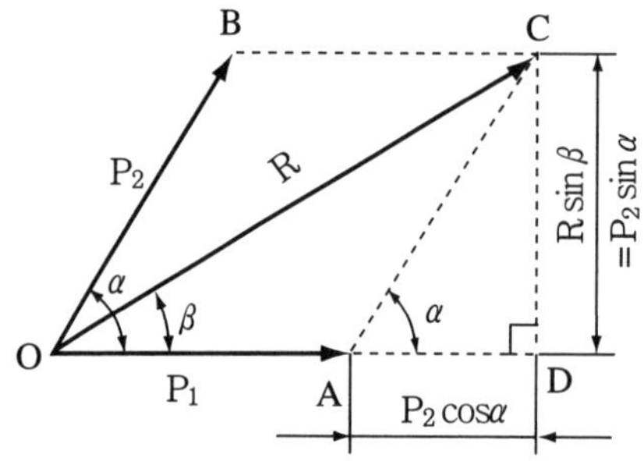

그림 2.8 삼각함수법에 의한 두 힘의 합력

【예제 2-3】

옆 그림과 같은 고리에 작용하는 두 힘 P와 Q의 합력을 구하시오.

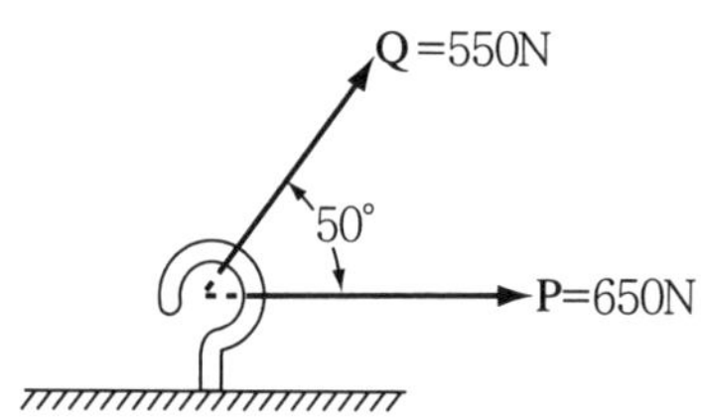

풀이 두 힘 P와 Q의 합력을 R이라 하자. 합력 R의 크기는 식 (2-9)를 이용하면,

$$R = \sqrt{P^2 + Q^2 + 2PQ\cos\alpha}$$
$$= \sqrt{650^2 + 550^2 + 2(650)550\cos 50^\circ}$$
$$= 1088(\text{N})$$

합력 R의 방향은 식 (2-10)을 이용하면,

$$\beta = \tan^{-1}\left(\frac{Q\sin\alpha}{P + Q\cos\alpha}\right)$$
$$= \tan^{-1}\left(\frac{550\sin 50^\circ}{650 + 550\cos 50^\circ}\right)$$
$$= 22.8^\circ$$

답 $R = 1088\text{N} \measuredangle 22.8^\circ$

3) 다각형법

여러 개의 절점력은 그림 2.9(b)와 같이 두 개의 힘에 대해 삼각형법으로 더하기를 연속하여 구할 수 있으며, 또 그림 2.9에서 점선은 생략하고 힘의 종점과 시점을 연결하여 다각형을 그려서 구할 수 있다. 힘의 벡터에 의해 그려진 다각형을 힘의 다각형(시력도)이라고 한다. 이와 같이 한 점에 작용하는 여러 힘의 합력을 도해적으로 구하는 방법을 다각형법이라고 한다.

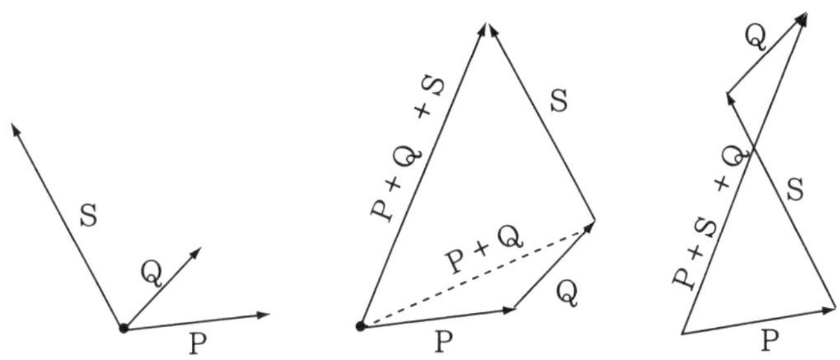

그림 2.9 다각형법

4) 직각분력

하나의 힘을 효과가 같은 두 개 이상의 힘으로 분해할 수 있다. 이 분해한 힘을 분력이라고 한다. 특히, 서로 직교하는 두 방향의 힘으로 분해한 분력을 직각분력이라고 한다. 그림 2.10의 $\boldsymbol{F_x}$와 $\boldsymbol{F_y}$는 힘 $\boldsymbol{F}$ 의 직각분력이며, $\boldsymbol{F_x}$는 수평분력, $\boldsymbol{F_y}$는 수직분력이라고 한다. 따라서 직각분력은 다음과 같다.

$$\boldsymbol{F} = (\boldsymbol{F_x} + \boldsymbol{F_y}) \tag{2-11}$$

$$\boldsymbol{F_x} = \boldsymbol{F}\cos\theta$$

$$\boldsymbol{F_y} = \boldsymbol{F}\sin\theta$$

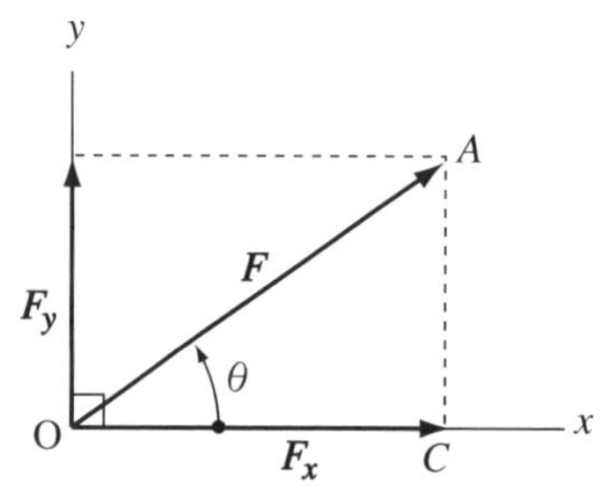

그림 2.10 직각분력

힘 $\boldsymbol{F}$의 직각분력 $\boldsymbol{F_x}$와 $\boldsymbol{F_y}$를 알고 있으면, 힘 $\boldsymbol{F}$의 크기는 그림 2.10에서 알 수 있듯이 피타고라스 정리를 이용하여 다음과 같이 구할 수 있다.

$$\boldsymbol{F} = \sqrt{\boldsymbol{F_x}^2 + \boldsymbol{F_y}^2} \qquad (2-12)$$

힘 F의 방향은 그림 2.10에 보인 바와 같이 삼각함수법을 이용하여 x축과의 사잇각 θ로 다음과 같이 표현할 수 있다.

$$\theta = \mathrm{tna}^{-1}\left(\frac{\boldsymbol{F_x}}{\boldsymbol{F_y}}\right) \qquad (2-13)$$

【예제 2-4】

힘 $\boldsymbol{P}$의 수평분력 P_x와 수직분력 P_y를 구하시오.

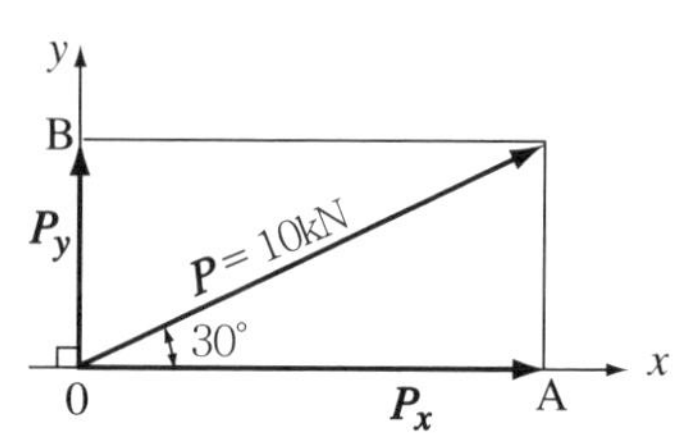

풀이 식 (2-11)을 이용하여,

$$P_x = P\cos\theta = 10\cos 30^\circ = 8.66(\mathrm{kN})$$
$$P_y = P\sin\theta = 10\sin 30^\circ = 5.0(\mathrm{kN})$$

답 $P_x = 8.66\mathrm{kN}$, $P_y = 5.0\mathrm{kN}$

5) 직각분력에 의한 합력

한 점에 작용하고 있는 여러 힘들의 합력을 직각분력을 이용하여 구할 수 있다. 4개의 힘이 한 점에서 작용하고 있는 그림 2.11의 경우와 같이, 한 점에 여러 힘 P_1, P_2, P_3, …, P_n이 작용할 때 이 힘들의 합력 R을 구하여 보자.

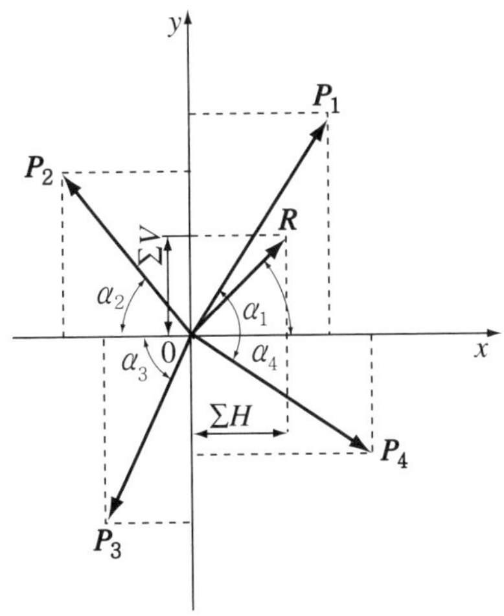

그림 2.11 직각분력을 이용한 절점력의 합력

각 힘의 수평분력의 합 $\sum H$와 수직분력의 합 $\sum V$는 다음과 같다.

$$\sum H = P_1\cos\alpha_1 + P_2\cos\alpha_2 + P_3\cos\alpha_3 \cdots + P_n\cos\alpha_n$$
$$\sum V = P_1\sin\alpha_1 + P_2\sin\alpha_2 + P_3\sin\alpha_3 \cdots + P_n\sin\alpha_n$$

따라서, 한 점에 작용하는 여러 힘들의 합력 R의 크기와 방향은 다음과 같다.

$$R = \sqrt{(\sum H)^2 + (\sum V)^2}$$

$$\beta = \tan^{-1}\left(\frac{\sum V}{\sum H}\right) \qquad (2\text{–}14)$$

단, 각 힘의 직각분력이 기준축인 x–y좌표상에서 (+)인지 (–)인지 부호를 판단하여 $\sum H$와

$\sum V$를 계산하여야 하며, x축과 합력 벡터의 사잇각인 합력의 방향 β의 위치는 $\sum H$와 $\sum V$의 부호에 의해 결정된다.

【예제 2-5】

옆 그림에 보인 O점에 작용하는 세 힘의 합력을 직각분력을 이용하여 구하시오.

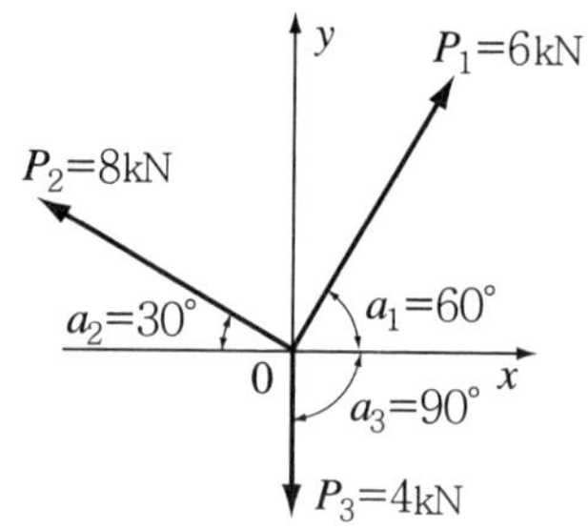

풀이 각 힘의 수평분력과 수직분력을 구하면,

힘	크기(kN)	수평분력(kN)	수직분력(kN)
P_1	6	6cos60° = 3	6sin60° = 5.20
P_2	8	−8cos30° = −6.93	8sin30° = 4
P_3	4	4cos90° = 0	−4sin90° = −4
합		−3.93	5.20

따라서, 합력의 크기와 방향은 식 (2-14)를 이용하여,

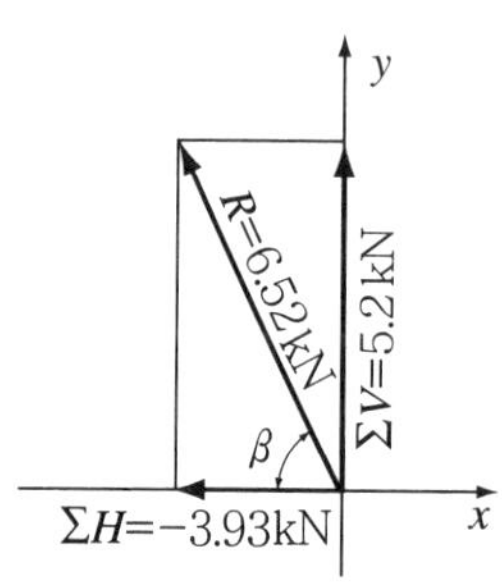

$$R = \sqrt{(\sum H)^2 + (\sum V)^2} = \sqrt{(-3.93)^2 + (5.20)^2} = 6.52(\text{kN})$$

$$\beta = \tan-1\left(\frac{\sum V}{\sum H}\right) = \tan^{-1}\left(\frac{5.20}{3.93}\right) = 52.92°$$

답 R = 6.52kN, β = 52.92°

(3) 모멘트

1) 힘의 모멘트

책상위 지우개의 한쪽 모서리를 밀어 봅시다.
지우개가 이동 되었을 뿐만 아니라 회전 됩니다.
즉, 힘은 물체를 힘의 작용선 방향으로 이동시키려고 할 뿐만 아니라 물체를 임의의 한 점을 중심으로 회전 시키려고도 합니다.
힘이 어느 한 점을 중심으로 물체를 회전시키려고 하는 능력을 수량화 한 것이 힘의 모멘트 입니다.
예를들면, 스패너를 잡아당기는 힘은 볼트를 중심으로 스패너를 회전시켜 볼트를 조일수 있게 합니다.
모멘트는 힘의 크기가 크면 큽니다.

힘은 물체를 힘의 작용선 방향으로 이동시키려고 할 뿐만 아니라 물체를 임의의 한 점을 중심으로 회전시키려고도 한다. 힘이 어느 한 점을 중심으로 물체를 회전시키려고 하는 능력을 수량화한 것이 힘의 모멘트(moment)이다.

예를 들면, 그림 2.12(a)와 같이 스패너를 잡아당기는 힘은 O점을 중심으로 스패너를 회전시켜 볼트를 조일 수 있게 한다. 또한 스패너를 볼트에 가깝게 잡는 것보다 멀리 잡는 것이 볼트를 작은 힘으로 쉽게 조일 수 있다. 이것은 모멘트는 힘 P의 크기 뿐만 아니라, 중심 O에서부터 힘의 작용선까지의 수직거리(l' 또는 l)에 따라 달라지기 때문이다.

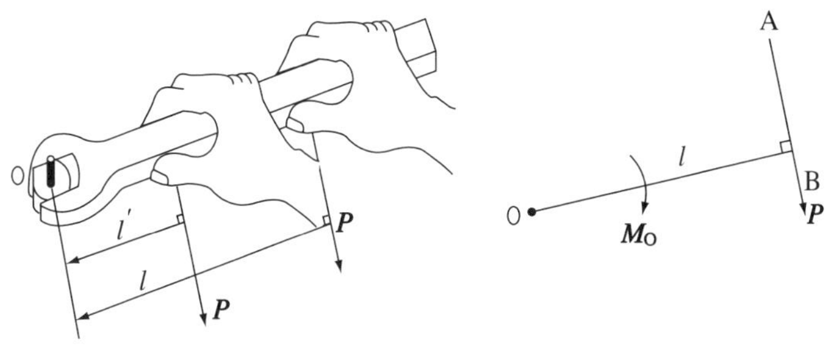

(a) (b)

그림 2.12 힘의 모멘트

그림 2.12(b)에서 점 O를 중심으로 힘 P의 모멘트 $\boldsymbol{M}_o$는 힘 P의 크기와 중심 O에서부터 힘의 작용선까지의 수직거리 l과의 곱으로 표시한다. 이 때 중심 O에서부터 힘의 작용선까지의 수직거리 l을 모멘트팔길이라고 한다.

$$\boldsymbol{M}_o = \boldsymbol{P}l \tag{2-15}$$

그림 2.12(b)와 식 (2-15)로부터 모멘트는 기하학적으로 힘을 밑변으로 하고 점 O를 꼭지점으로 하는 삼각형의 면적의 두 배임을 알 수 있다.

$$\boldsymbol{M}_o = \boldsymbol{P}l = 2\times(\triangle\mathrm{OAB}\text{의 면적}) \tag{2-16}$$

모멘트의 단위는, SI단위계에서는 N · m 또는 kN · m이고, MKS단위계에서는 kgf · cm 또는 tf · m이다.

이 책에서는 모멘트의 부호는 그림 2.13과 같이 시계방향 모멘트를 양(+)으로, 반시계방향 모멘트를 음(−)으로 정한다.

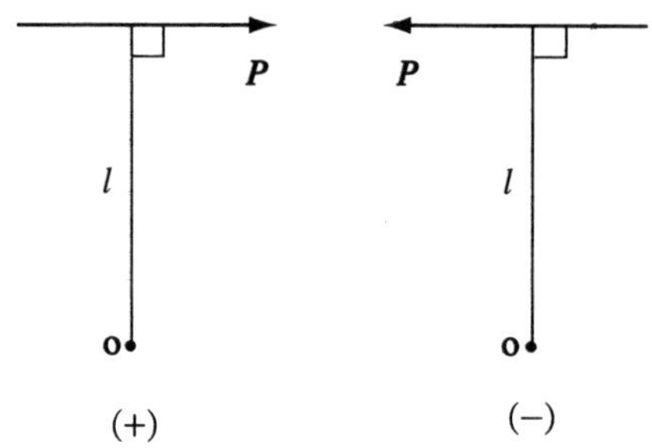

그림 2.13 모멘트의 부호

【예제 2-6】

아래 그림 (a), (b), (c)에서 점 O에 대한 힘의 모멘트를 구하시오.

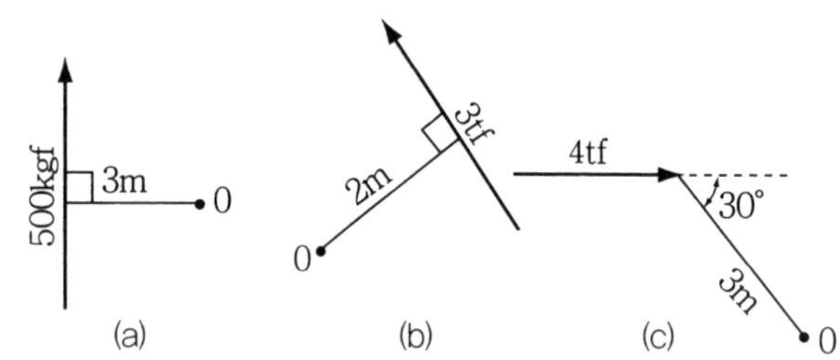

풀이 식 (2-15)를 이용하여,

그림 (a)의 경우

$$M_o = 530\times3=1500(\text{kgf}\cdot\text{m})$$

그림 (b)의 경우

$$M_o = -3\times2=-6(\text{tf}\cdot\text{m})$$

그림 (c)의 경우

$$M_o = 4\times3\sin30^\circ=6(\text{tf}\cdot\text{m})$$

답 (a) M_o= 1500kgf · m , (b) M_o = −6tf · m , (c) M_o = 6tf · m

2) 바리농의 정리

그림 2.14에서 힘 R의 O점에 관한 모멘트는 힘 R의 분력 P와 Q의 O점에 대한 모멘트와 같다. 즉,

$$M_O = Rd = -Pp + Qq$$

이것이 바리농의 정리(Varignon's theorem)이다. 바리농의 정리는 두 개 이상의 분력에도 똑같이 적용된다. 이와 같이 바리농의 정리는 한 힘의 어떤 점에 관한 모멘트는 그 힘의 분력에 의한 같은 점에 관한 모멘트의 합과 같다는 것이다.

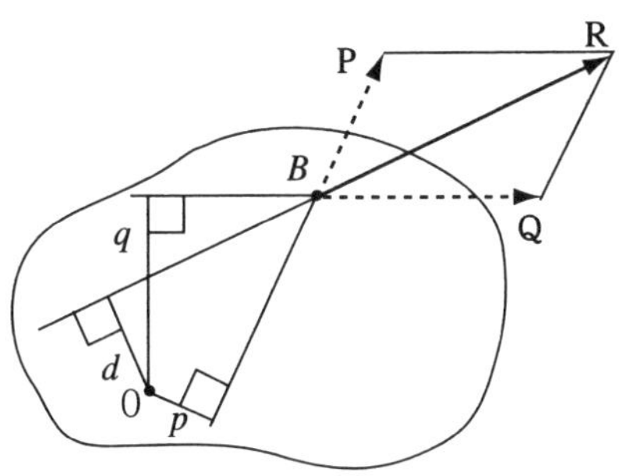

그림 2.14 바리농의 정리

모멘트팔길이를 구하기 어려울 때 바리농의 정리를 이용하면 모멘트를 계산하기 쉽다. 예제 2-7은 그 예를 보이고 있다.

【예제 2-7】

옆 그림에서 기초점 O에 관한 600N의 힘의 모멘트를 바리농의 정리를 이용하여 구하시오.

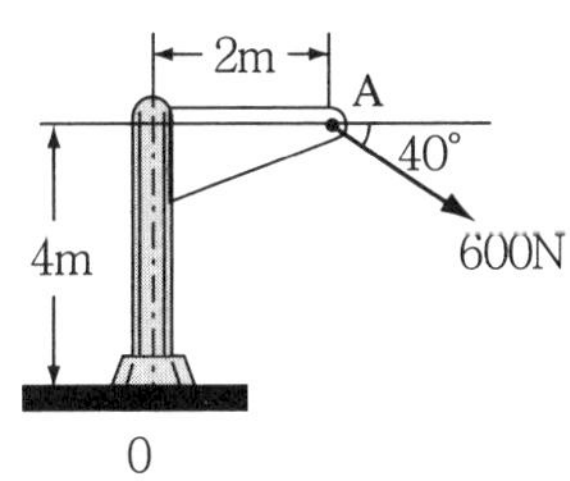

풀이

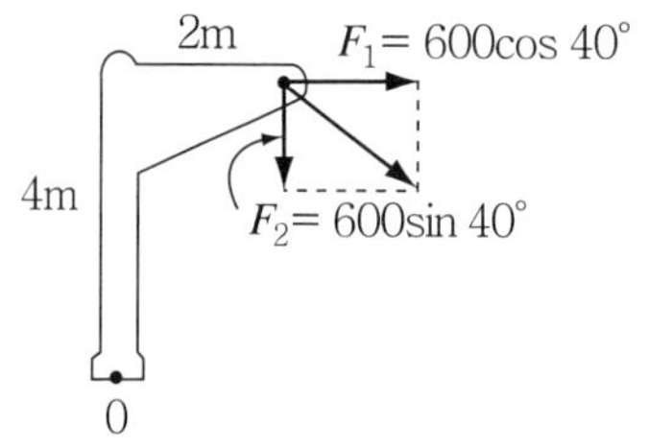

O점에서 힘 600N까지의 수직거리를 구하기 어려우므로 바리농의 정리를 이용하기 위하여 힘 600N의 수평분력 F_1과 수직분력 F_2를 먼저 계산한다.

$F_1 = 600\cos 40^\circ$
$F_2 = 600\sin 40^\circ$

바리농의 정리를 이용하면,

$M_0 = (600\cos 40^\circ \times 4) + (600\sin 40^\circ \times 2) = 2610(\text{N}\cdot\text{m})$

답 $M_0 = 2610\text{N}\cdot\text{m}$

3) 짝힘 모멘트

크기가 같고 방향이 반대인 한 쌍의 평행한 힘을 짝힘(또는 우력 ; couple)이라고 한다. 이 짝힘의 두 힘의 합력은 0이지만, 두 힘에 의한 모멘트의 합은 0이 아니어서 물체를 회전시키려고 한다. 그림 2.15는 짝힘을 보이고 있다. 그림 2.15에서 짝힘 **F**의 임의의 점 O에 관한 힘의 모멘트 M은 두 힘 사이의 수직거리를 d로 표시하면,

$$M = Fa - F(a + d) = -Fd,\ M = Fd \ (\text{반시계방향}) \tag{2-17}$$

이 짝힘에 의한 힘의 모멘트를 짝힘 모멘트(couple moment)라고 한다. 점 O는 임의의 점이기 때문에 짝힘 모멘트는 점 O의 위치에 상관없이 일정한 값을 갖는다. 따라서 짝힘 모멘트는 짝힘의 크기와 두 힘 사이의 수직거리를 곱한 값과 같다.

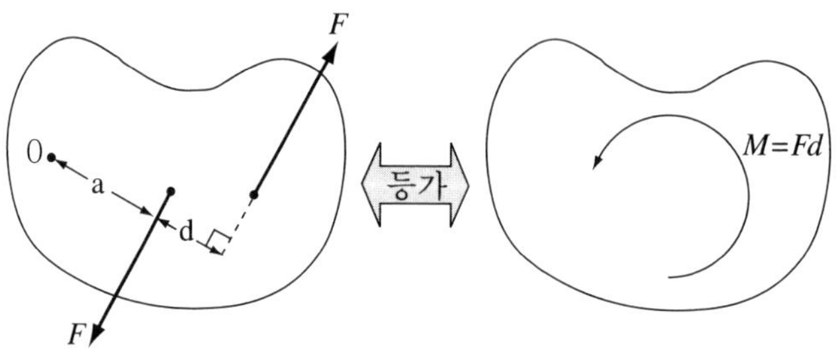

그림 2.15 짝힘의 효과

【예제 2-8】

옆 그림과 같이 두 짝힘이 직사각형 판에 작용하고 있다. 두 짝힘에 의한 모멘트를 구하시오.

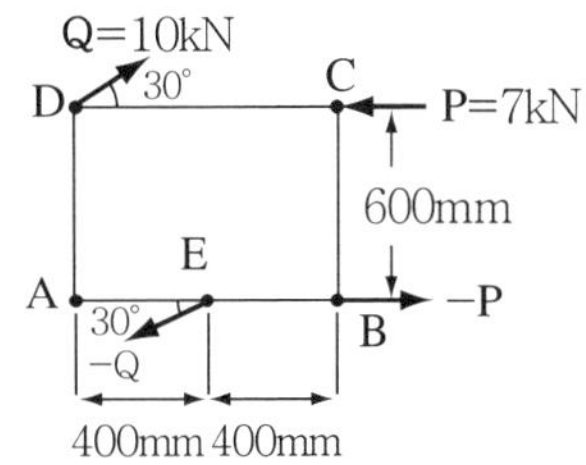

풀이

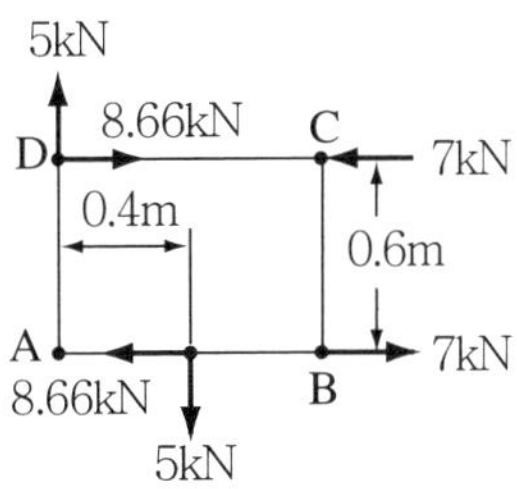

두 짝힘의 수직거리를 계산하기 쉽게 먼저 직각분력을 계산한다.
따라서, 짝힘모멘트는

$$\begin{aligned} M &= (8.66\times0.6)+(5\times0.4)-(7\times0.6) \\ &= 3.00(\text{kN}\cdot\text{m}) \end{aligned}$$

답 $M = 3.0\text{kN}\cdot\text{m}$

4) 힘의 변환

책상 위에 지우개를 놓고, 한 쪽 모서리를 손가락으로 밀어 보자. 지우개는 힘의 작용방향으로 이동하면서, 동시에 회전할 것이다. 이러한 한 힘에 의해 물체가 이동하면서 회전하는 힘의 효과는 한 힘을 힘-짝힘계로 대체하면 쉽게 이해할 수 있다.

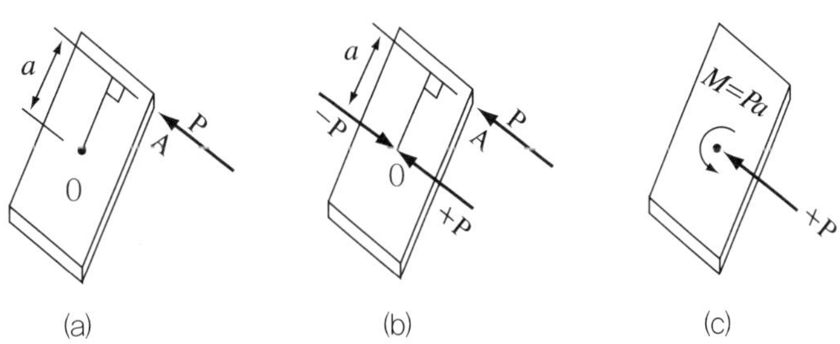

그림 2.16 한 힘을 힘-짝힘계로 대체

그림 2.16(a)와 같이 어떤 물체의 임의의 점 A에 힘 P가 작용하고 있다. 이 때, 그림

2.16(b)와 같이 임의의 다른 점 O에 힘 P와 평행한 방향으로 크기는 같고 방향이 반대인 한 쌍의 힘 P와 −P를 작용시키더라도 물체에 미치는 힘의 효과는 변하지 않는다. 그러면 A점에 작용하는 힘 P와 O점의 힘 −P는 짝힘을 형성하게 되며, 그림 2.16(c)와 같이 짝힘의 모멘트 $\boldsymbol{M} = \boldsymbol{Pa}$로 대체할 수 있다. 결국, 그림 2.16(a)와 같이 점 A에 작용하는 하나의 힘 P는 그림 2.16(c)와 같은 임의의 다른 점 O에 작용하는 힘 P와 짝힘 $\boldsymbol{M} = \boldsymbol{Pa}$로 대체할 수 있다. 따라서, 임의의 점 O가 물체의 중심이라면, 그림 2.16(a)와 같은 힘이 물체를 이동시키면서 동시에 회전시키려고 하는 현상을 그림 2.16(c)와 같이 표현함으로써 쉽게 이해할 수 있다. 이와 같이 한 힘을 힘-짝힘계로 대체하는 것을 **힘의 변환**이라고 한다.

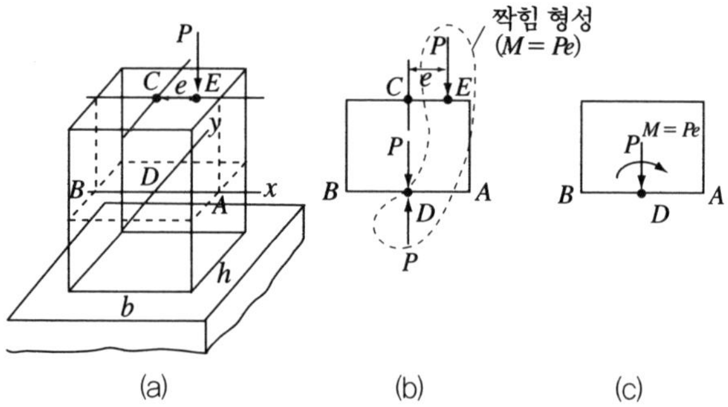

그림 2.17 기둥에 편심재하된 힘을 힘-짝힘계로 대체

(4) 비절점평면력의 합력

1) 도해적 방법

그림 2.18에 보인 바와 같이, A점과 B점에 작용하는 각각의 힘 P_1과 P_2는 전달성 원리와 평행사변형 법칙을 이용하여 도해적으로 합력을 구할 수 있다. 즉, 힘은 같은 작용선상에서 이동하여도 그 효과는 변하지 않으므로 두 힘 P_1, P_2를 이들 힘의 작용선의 교점 O로 이동시켜, 힘의 평행사변형 법칙을 이용하면 합력 R을 쉽게 구할 수 있다.

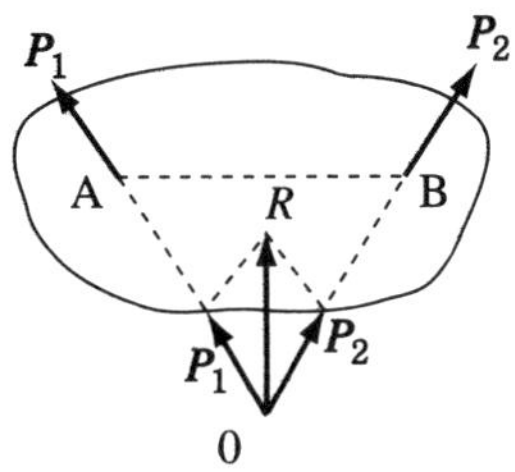

그림 2.18 도해적 방법에 의한 힘의 합성

그러나 이 방법은 두 힘이 서로 평행에 가까워지면, 두 힘의 교점이 멀어져 이용하기 어렵다. 따라서 한 점에 작용하지 않는 평행에 가깝거나 평행한 여러 힘의 합력을 구하는데는 힘의 다각형과 연력도를 이용하여야 한다. 연력도의 작도방법은 다음과 같다.

① 그림 2.19(b)와 같이 힘 P_1, P_2에 대해 힘의 다각형 abc를 그린다. 이 힘의 다각형의 폐합되는 선분 ac가 합력 R의 크기와 방향을 나타낸다.

② 그림 2.19(b)에서 임의의 점 O을 잡고 힘 P_1, P_2의 시점 및 종점과 점 O를 연결한다. 연결선 aO, bO 및 cO를 각각 Ⅰ, Ⅱ 및 Ⅲ이라 한다.

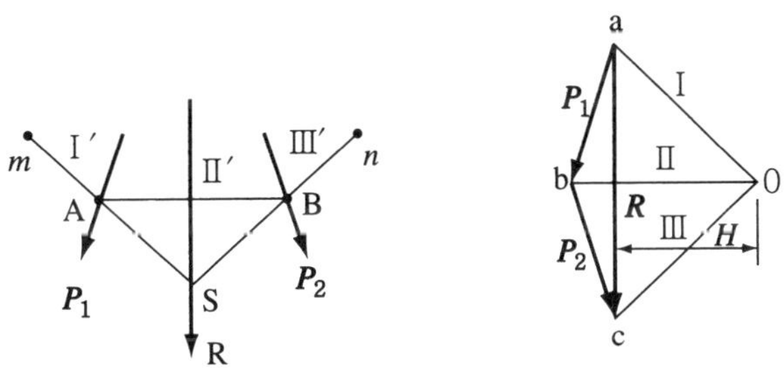

(a) 연력도　　　(b) 힘의 다각형(시력도)

그림 2.19 한 점에 작용하지 않는 힘의 도해적 합성

③ 그림 2.19(a)에서 임의의 점 m을 잡고, 이 점을 통과하며 그림 2.19(b)의 직선 Ⅰ과 평행하게 직선 Ⅰ′을 그어 P_1의 작용선과의 교점을 A라 한다.

④ 점 A를 통과하고 그림 2.19(b)의 직선 Ⅱ와 평행하게 직선 Ⅱ′를 그어, P_2의 작용선과의 교점을 B라 한다.

⑤ 점 B를 통과하고 그림 2.19(b)의 직선 Ⅲ과 평행하게 직선 Ⅲ′를 그어, 직선 Ⅰ′와의 교

점을 S라 한다.

⑥ 교점 S를 통과하고 그림 2.19(b)의 R과 평행한 선을 그리면, 이것이 구하는 합력 R의 작용선이 된다.

그림 2.19에서 O점을 극(pole), 직선 Ⅰ, Ⅱ 및 Ⅲ을 극사선(polar ray), 직선 Ⅰ′, Ⅱ′ 및 Ⅲ′를 연력도(funicular polygon)라고 한다.

2) 해석적 방법

한 평면 내의 한 점에 작용하지 않는 여러 힘, 즉 비절점평면력계의 합력의 크기와 방향은 절점평면력계에서 처럼 직각분력을 이용하여 구할 수 있다. 예를 들어, 그림 2.20과 같이, 한 평면내에 작용하는 힘 P_1, P_2, P_3, …, P_n의 합력 R을 구하여 보자. 먼저, x-y좌표축을 설정한 후 각 힘을 직각분력으로 분해한다. 합력의 분력은 모든 힘의 해당 분력의 대수합으로 다음과 같다.

$$R_x = \sum H = H_1 + H_2 + H_3 + \cdots + H_n$$
$$R_y = \sum V = V_1 + V_2 + V_3 + \cdots + V_n \qquad (2\text{-}18)$$

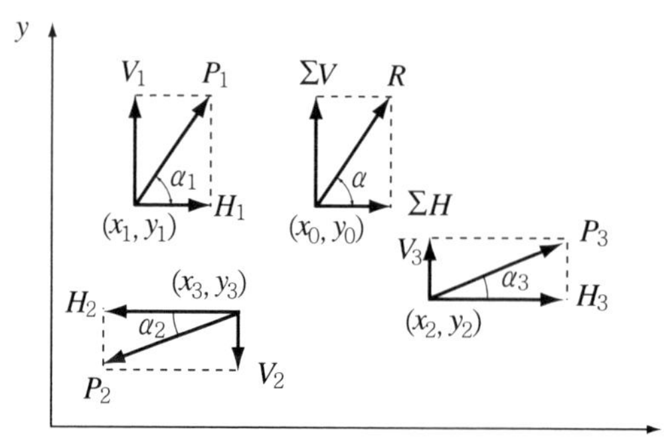

그림 2.20 비절점평면력의 합력

따라서, 합력 R의 크기와 방향은 다음과 같다.

$$R = \sqrt{R_x^2 + R_y^2} = \sqrt{(\sum H)^2 + (\sum V)^2}$$

$$\alpha = \tan^{-1}(\frac{R_y}{R_x}) = \tan^{-1}(\frac{\sum V}{\sum H}) \qquad (2\text{-}19)$$

또한, 각 힘의 직각분력과 합력 R의 직각분력에 대하여 바리뇽의 정리를 적용하면,

$$V_1x_1 + V_2x_2 + V_2x_3 + \cdots + V_nx_n = \sum(V_ix_i) = (\sum V)x_0$$
$$H_1y_1 + H_2y_2 + H_2y_3 + \cdots + H_ny_n = \sum(H_iy_i) = (\sum H)x_0$$

따라서, 합력 R의 작용점은 다음과 같다.

$$x_0 = \frac{\sum(V_ix_i)}{\sum V}$$
$$y_0 = \frac{\sum(H_iy_i)}{\sum H} \qquad (2\text{-}20)$$

【예제 2-9】

옆 그림과 같이 보에 세 힘이 작용하고 있다.
세 힘의 합력과 그 위치를 구하시오.

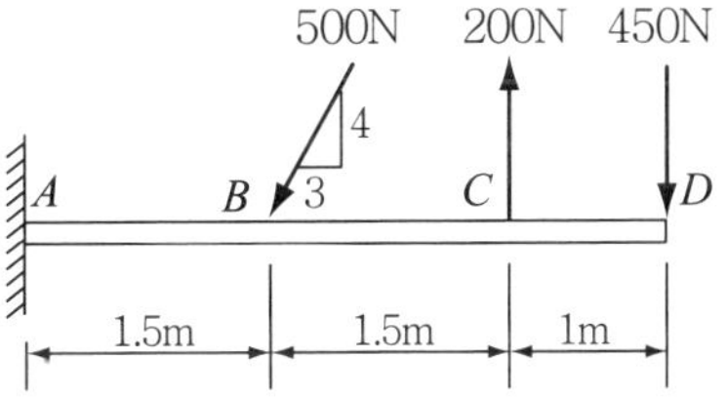

풀이 x-y좌표축을 잡고 힘 500N의 직각분력을 다음과 같이 구한다.

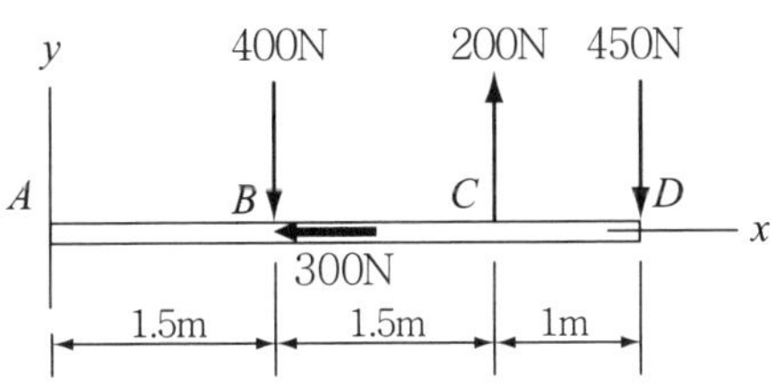

식 (2−18)을 이용하여 합력의 분력을 구하면,

$$R_x = \sum H = -300\text{N}$$
$$R_y = \sum V = -400\text{N} + 200\text{N} - 450\text{N} = -650\text{N}$$

따라서, 합력의 크기와 방향은 식 (2−19)를 이용하면,

$$R = \sqrt{R_x^2 + R_y^2} = \sqrt{(-300\text{N})^2 + (-650\text{N})^2} = 716\text{N}$$

$$\alpha = \tan^{-1}\left(\frac{R_y}{R_x}\right) = \tan^{-1}\left(\frac{650}{300}\right) = 65.2^\circ$$

합력의 위치는 식 (2−20)을 이용하면,

$$x_0 = \frac{\sum(V_i x_i)}{\sum V} = \frac{(-100\text{N})(1.5\text{m}) + (200\text{N})(3.0\text{m}) + (-450\text{N})(4.0\text{m})}{-650\text{N}} = 2.77\text{m}$$

$$y_0 = \frac{\sum(H_i y_i)}{\sum H} = \frac{(-300\text{N})(0.0\text{m})}{-300\text{N}} = 0.0\text{m}$$

답 $R = 716\text{N}$, $\measuredangle\, 65.2^\circ$, $x_0 = 2.77\text{m}$, $y_0 = 0.0\text{m}$

3) 분포하중의 합력

힘이 물체의 한 점에 집중하여 작용하지 않고, 선 위나 면적 위 또는 부피에 분포하여 작용하는 힘을 분포하중(distributed load)이라고 한다. 여기서는 선을 따라 작용하는 분포선하중만 다루기로 한다. 이러한 하중의 예로는 구조물의 자중, 수압, 토압 등이 있다.

하중의 크기가 변하지 않고 일정한 분포하중을 등분포하중(uniform load)이라고 하며, 그림 2.21(a)와 같이 나타낸다. 하중의 크기가 직선적으로 변하는 분포하중을 등변분포하중이라고 하며, 그림 2.21(b)와 같이 나타낸다.

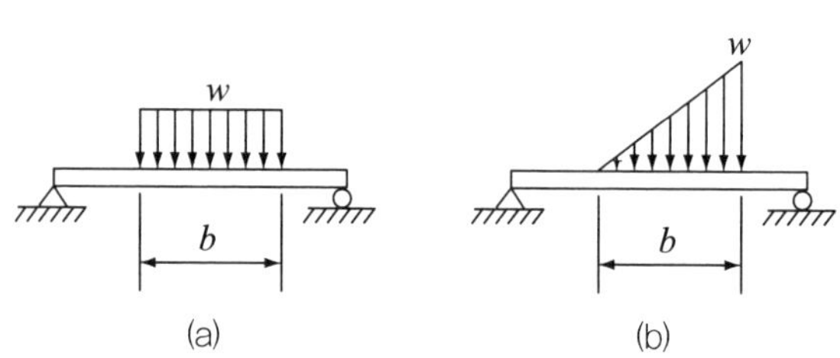

그림 2.21 분포선하중

선을 따라 분포하는 하중의 크기는 단위길이당의 하중의 크기로 표시한다. 즉, 그림 2.21의 분포하중의 크기 w는 MKS단위계의 경우 kgf/m, tf/m 등으로 표시하고, SI단위계의 경우 N/m, kN/m 등으로 표시한다.

한 역계에서의 합력을 구하기 위해서 분포하중을 **등가집중력**(equivalent concentrated force)으로 대체할 필요가 있다. 등가집중력은 크기가 분포하중선도의 면적과 같고, 작용선이 분포하중선도의 도심을 통과하도록 하면 된다. 그림 2.22에 등분포하중과 등변분포하중의 등가집중력을 보였다.

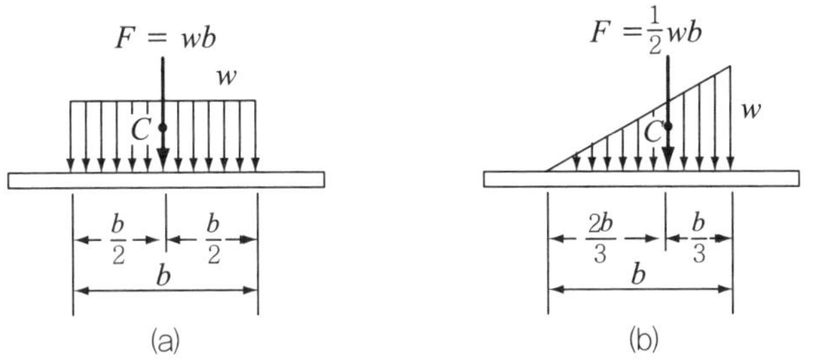

그림 2.22 등가집중력

【예제 2-10】

아래 그림과 같이 보에 작용하는 분포하중의 합력과 그 작용위치를 구하시오.

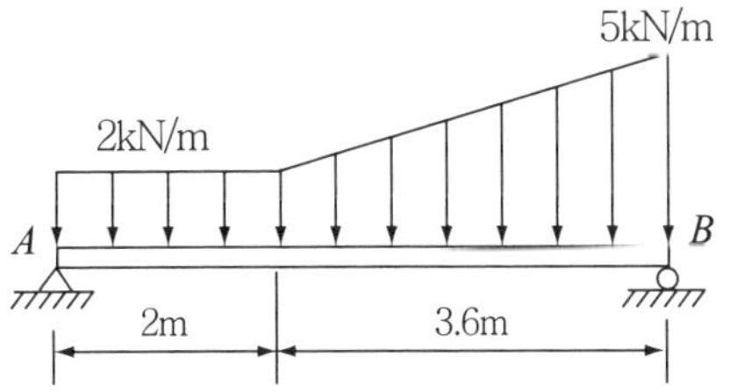

풀이 하중선도를 아래 다음과 같이 사각형과 삼각형으로 나눈다.

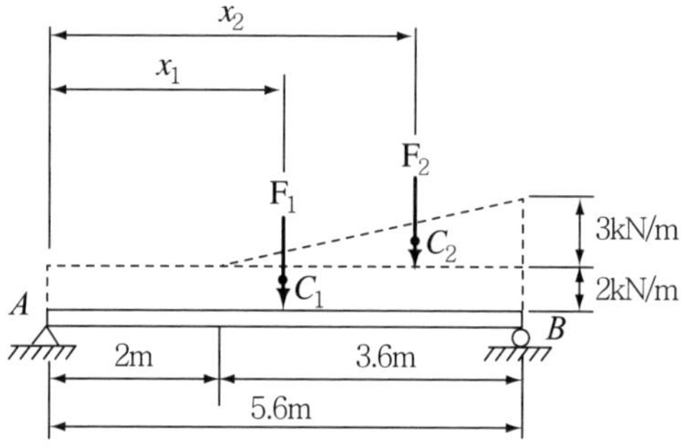

각 분포하중을 등가집중력으로 대체한다. 각 등가집중력의 크기는

$$F_1 = (2\text{kN/m})(5.6\text{m}) = 11.2\text{kN}$$
$$F_2 = \frac{1}{2}(3\text{kN/m})(3.6\text{m}) = 5.4\text{kN}$$

각 등가집중력의 위치는

$$x_1 = \frac{1}{2}(5.6\text{m}) = 2.8\text{m}$$

$$x_2 = 2\text{m} + \frac{2}{3}(3.6\text{m}) = 4.4\text{m}$$

따라서, 합력의 크기는

$$(\downarrow +) : R = F_1 + F_2 = 11.2\text{kN} + 5.4\text{kN} = 16.6\text{kN}$$

합력의 위치는 바리농의 정리를 이용하여 A점에서 모멘트를 취하면

$$(16.6\text{kN})\bar{x} = (11.2\text{kN})(2.8\text{m}) + (5.4\text{kN})(4.4\text{m})$$
$$\therefore \bar{x} = 3.32\text{m}$$

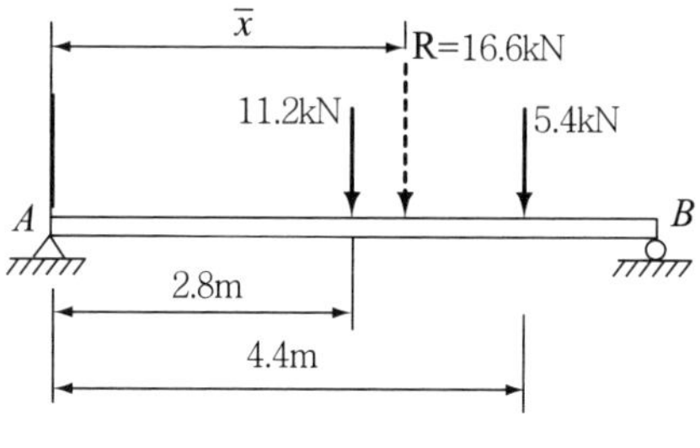

답 $P = 16.6\text{kN}\downarrow$, $\bar{x} = 3.32\text{m}$

2-4 힘의 평형

(1) 개 요

한 물체에 작용하고 있는 모든 힘의 합력이 0일 때, 그 물체는 평형상태에 있다고 한다. 뉴톤의 제1법칙에 의하면, 평형상태에 있는 물체는 정지상태 또는 등속 직선운동상태에 있다. 힘을 받고 있는 물체가 안정한 상태로 정지하여, 그 물체로서의 기능을 다하기 위해서는 그 물체는 평형상태에 있어야 한다. 구조물의 해석에서 힘의 평형조건이 기본이다. 이 절에서는 평면력계에서의 힘의 평형을 다루도록 한다. 구조물 해석에 필요한 지점의 종류, 자유물체도를 그리는 방법, 절점평면력계와 비절점평면력계의 평형조건에 대해 설명할 것이다.

(2) 지점의 종류

지점(support)은 받침부로써 구조물을 지지하기 위해 설치되는 구조부분이다. 2차원 구조물에는 이동지점, 회전지점 및 고정지점과 같은 세 종류의 기본적인 지점 형태가 있다.

이동지점(movable support)의 구조를 알기 쉽게 그림 2.23(a)에 나타냈다. 이동지점은 회전을 자유롭게 하는 힌지 구조와 지점면에 평행한 방향으로의 이동을 자유롭게 하는 롤러 구조를 갖고 있다. 따라서 이동지점은 항상 지점면에 직각방향인 한 개의 반력만을 갖는다. 그림 2.23(b)는 이동지점을 간단하게 표현하는 도시 방법을 보이고 있다.

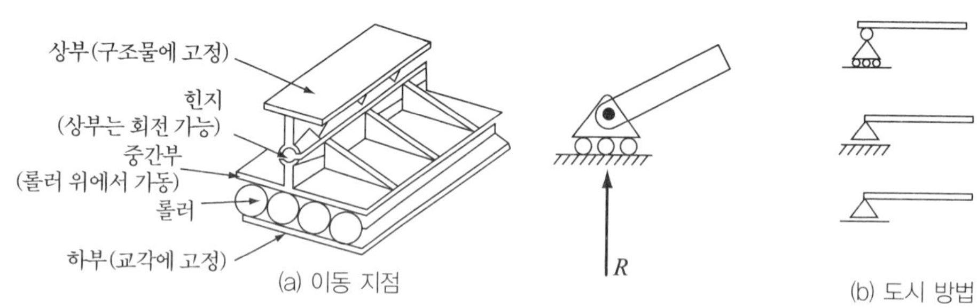

그림 2.23 이동지점

회전지점(hinge support)의 구조를 알기 쉽게 그림 2.24(a)에 나타냈다. 회전지점은 부재가 어느 방향으로든 평행 이동하는 것을 방지하고 회전만 자유롭도록 힌지 구조만 갖는다. 이 힌지 구조의 회전에는 마찰이 없는 것으로 간주한다. 따라서 회전지점은 지점면에 직각방향과 평행한 방향의 수직반력과 수평반력이 생긴다. 그림 2.24(b)는 회전지점을 간단하게 표현하는 도시 방법을 보이고 있다.

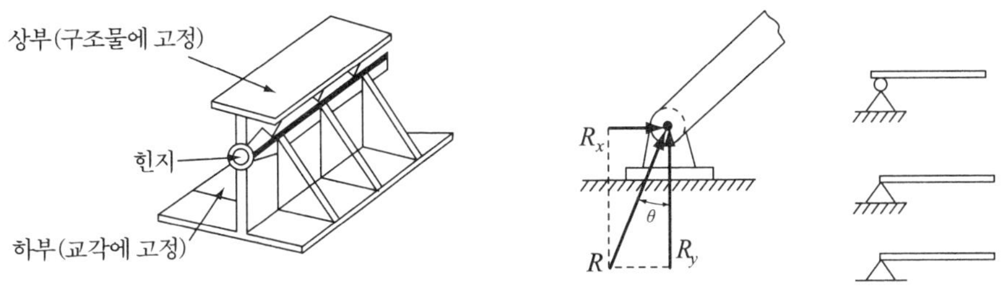

(a) 회전 지점 (b) 도시 방법

그림 2.24 회전지점

고정지점(fixed support)의 한 형태를 그림 2.25(a)에 나타냈다. 고정지점은 지점면에서 부재가 이동하거나 회전하는 것을 완전히 방지한다. 따라서 고정지점에서는 세 가지 반력 즉, 수직반력과 수평반력 및 모멘트 반력이 생긴다. 그림 2.25(b)는 고정지점을 간단하게 표현하는 도시 방법을 보이고 있다.

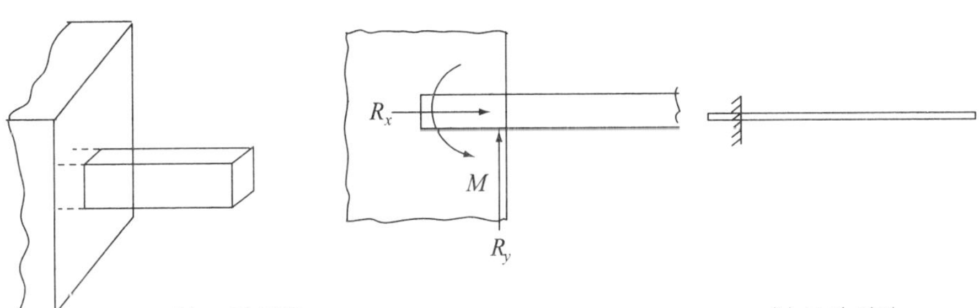

(a) 고정 지점 (b) 도시 방법

그림 2.25 고정지점

(3) 자유물체도

물체가 구속되지 않았을 때, 그 물체를 자유물체(free body)라고 말한다. 자유물체는 여러 힘들이 작용하면 그 힘들의 합력의 크기에 비례하여 운동하지만, 합력이 0이면 정지상태에 있다. 정지상태에 있는 물체의 힘의 상태를 힘의 평형상태라고 한다. 물체의 평형문제를 풀 때 그 물체에 작용하는 모든 힘을 정확히 표시하는 것은 매우 중요하다. 평형 문제를 올바르게 풀기 위해서는 가장 먼저 물체에 작용하는 모든 힘이 표시된 그림을 정확하게 그려야 한다. 이와 같은 자유물체와 그 물체에 작용하는 모든 힘을 표시한 그림을 자유물체도(free body diagram)라고 한다. 즉, 자유물체도는 지점이나 연결된 다른 물체를 떼어내고 난 후 그 물체에 작용하는 모든 힘을 표시한 그림을 말한다. 자유물체도를 그리는 방법은 다음과 같다. 또한 그림 2.26에 자유물체도를 그리는 한 예를 보였다.

① 먼저 물체중에서 생각하는 특정한 부분을 자유물체로 선정하여, 지점이나 다른 물체를 떼어내어 구속을 푼다. 자유물체는 그 물체의 전부일 수도 있고 일부분일 수도 있다.

② 외력(external force)을 표시한다.

③ 지점의 반력이나 연결된 다른 부분에 의해 유발되는 구속력을 표시한다.

④ 치수와 각을 표시한다.

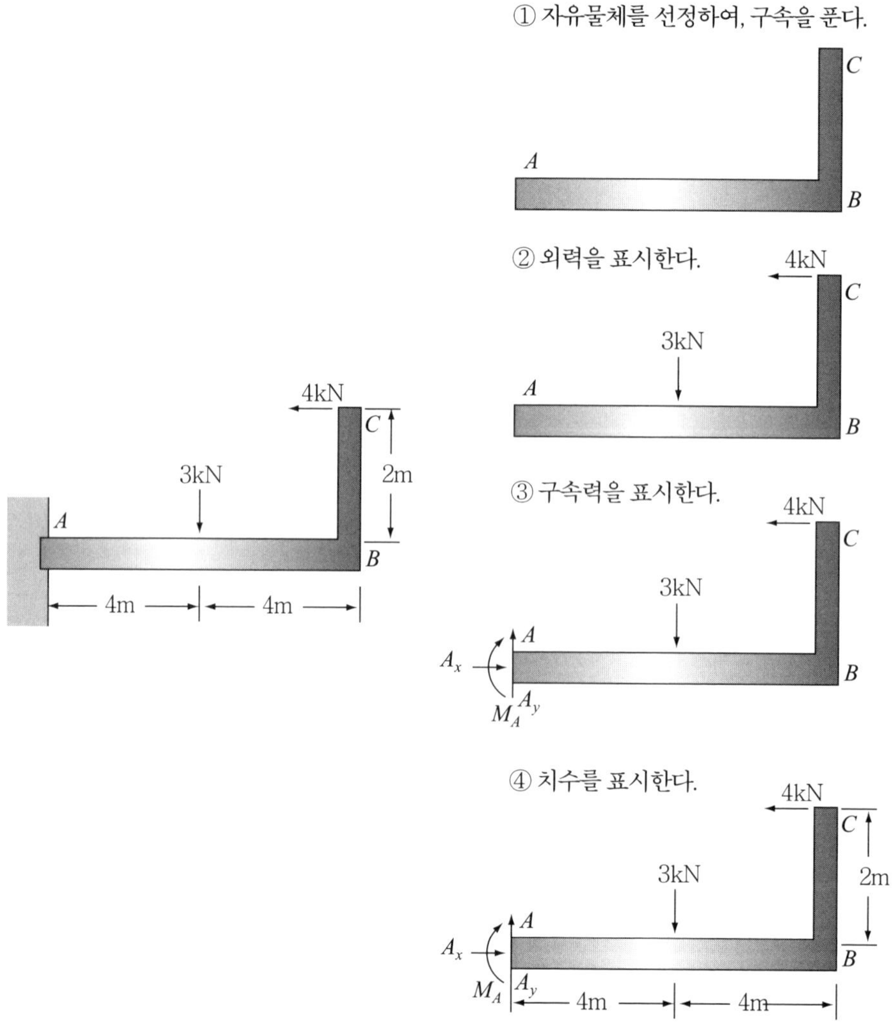

그림 2.26 자유물체도 작성방법

(4) 평형조건

한 물체의 평형은 그 물체에 작용하고 있는 모든 힘의 합력이 0이어야 한다. 또한 평형상태에 있는 물체는 회전하지 않기 때문에 모든 힘에 의한 임의의 점 A에서의 모멘트 합 $\sum M_A$는 0이어야 한다. 따라서 평면력계의 평형조건은 다음과 같다.

$\sum F_x = 0$: 모든 힘의 x방향 직각분력을 합하면 0 이어야 한다.

$\sum F_y = 0$: 모든 힘의 y방향 직각분력을 합하면 0 이어야 한다. (2-21)

$\sum M_A = 0$: 모든 힘의 임의의 점 A에 대한 모멘트의 합은 0 이어야 한다.

식 (2-21)은 평면력계의 평형방정식이라고 한다. 이 평형방정식을 이용하여 2차원 구조물을 해석한다. 역학에서는 이 평형조건과 적용방법에 대한 철저한 이해가 기본이며, 매우 중요하다.

1) 절점평면력계의 평형

한 점에 작용하는 여러 힘, 즉 절점평면력은 힘의 공동 작용점에서의 모멘트가 항상 0이다. 따라서 절점평면력을 받고 있는 물체는 이 물체에 작용하는 모든 힘의 합력이 0이면 평형상태에 있다. 즉, 절점평면력계의 평형조건은 다음과 같다.

$$\sum F_x = 0,\ \sum F_y = 0 \tag{2-22}$$

【예제 2-11】

옆 그림과 같은 구조물의 C점에 수직력 7tf이 작용하고 있을 때, AC부재와 BC부재의 부재력을 구하시오.

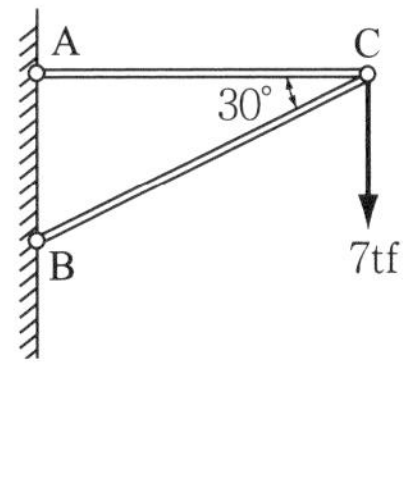

풀이

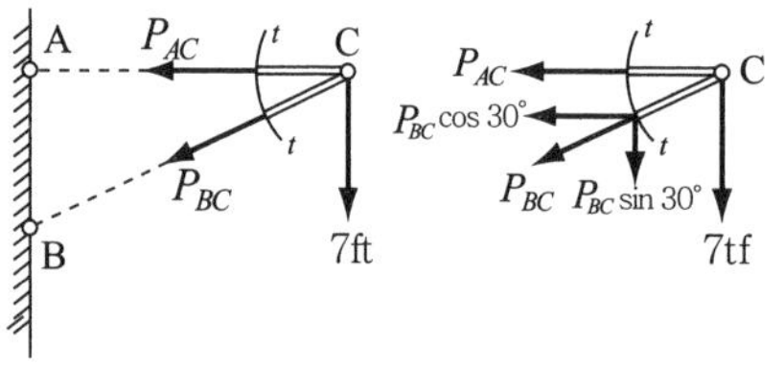

부재 AC의 부재력 P_{AC}와 부재 BC의 부재력 P_{BC}을 구하기 위해서 점 C 부분을 잘라내어 자유물체도를 그린다.

자유물체도와 평형조건 식(2-22)를 이용하면,

$$\sum F_x = 0 : -P_{AC} - P_{BC}\cos 30° = 0 \cdots\cdots (1)$$

$$\sum F_y = 0 : -7 - P_{BC}\sin 30° = 0 \cdots\cdots (1)$$

식 (2)로부터 $P_{BC} = \dfrac{-7}{\sin 30°} = -14(tf)$이다. 이 값을 식 (1)에 대입하면,

$$P_{AC} = -P_{BC}\cos 30° = -(-14)\cos 30° = 12.12(tf)$$

답 $P_{AC} = 12.12tf$(인장력), $P_{BC} = 14tf$(압축력)

2) 비절점평면력계의 평형

한 점에 작용하지 않는 여러 힘, 즉 비절점평면력이 작용하는 물체가 평형상태에 있기 위해서는 모든 힘의 합력이 0이어야 할 뿐만 아니라 회전에 대한 조건인 임의의 점에 대한 모멘트의 합도 0이어야 한다. 따라서 비절점평면력계의 평형조건은 다음과 같다.

$$\sum F_x = 0,\ \sum F_y = 0,\ \sum M_A = 0 \qquad (2\text{-}23)$$

여기서, 모멘트의 중심 A는 평면상의 임의의 점이다.

【예제 2-12】

아래 그림과 같이 보가 분포하중과 집중하중을 받고 있다. 지점에서의 반력을 구하여라.

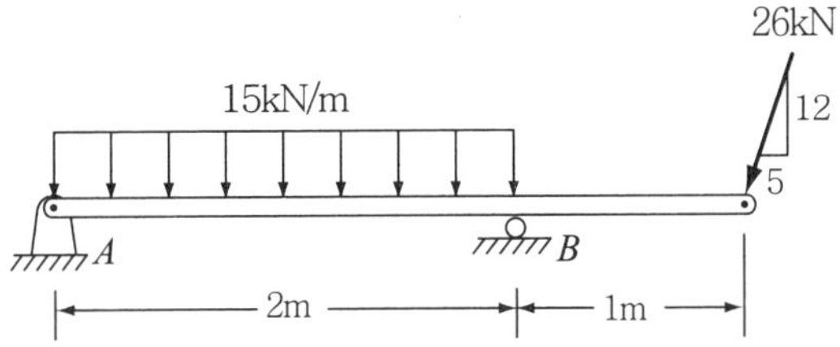

풀이 먼저 자유물체도를 그리면 다음과 같다. 이때 분포하중은 등가집중력으로 대체하고, 집중력 26kN은 수평분력과 수직분력으로 분해한다.

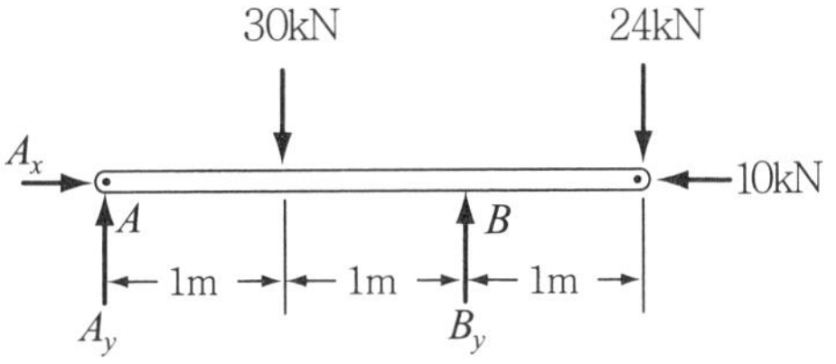

자유물체도와 평형방정식 (2-23)를 이용하면,

$$\sum F_x = 0 : A_x - 10\text{kN} = 0$$
$$\therefore A_x = 10\text{kN}$$

$$\sum M_A = 0 : -B_y(2\text{m}) + (30\text{kN})(1\text{m}) + (24\text{kN})(3\text{m}) = 0$$
$$\therefore B_y = 51\text{kN}$$

$$\sum M_B = 0 : A_y(2\text{m}) - (30\text{kN})(1\text{m}) + (24\text{kN})(1\text{m}) = 0$$
$$\therefore A_y = 3\text{kN}$$

이러한 결과는 다음과 같이 검산할 수 있다.

$$\sum F_y = 0 : 3\text{kN} + 51\text{kN} - 30\text{kN} - 24\text{kN} = 0$$

답 $A_x = 10\text{kN}(\rightarrow)$, $A_y = 3\text{kN}(\uparrow)$, $B_y = 51\text{kN}(\uparrow)$

연습문제

1. 삼각형 물체에 P_1, P_2가 그림과 같이 작용할 때 AC면에 수직한 방향의 성분으로 변환할 경우 그 힘은?

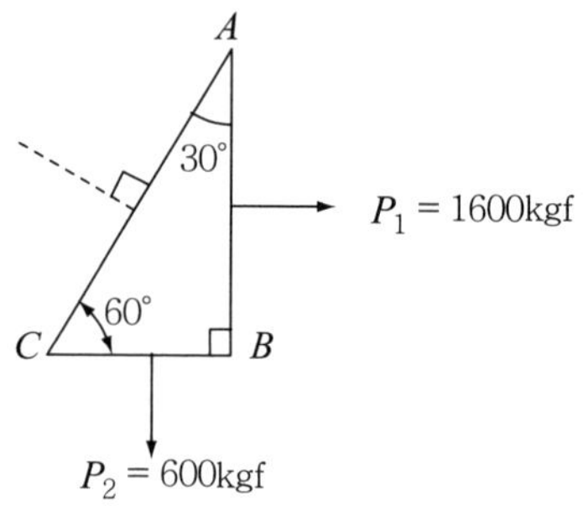

풀이

답 1686kgf

2. 그림과 같은 삼각형 물체에 x방향으로 P_x =4tf, y 방향으로 P_y= $\sqrt{3}$tf으로 잡아당길 때 평형을 이루기 위한 BC면의 P의 값은? 단, 물체는 단위길이에 대하여 고려한다.

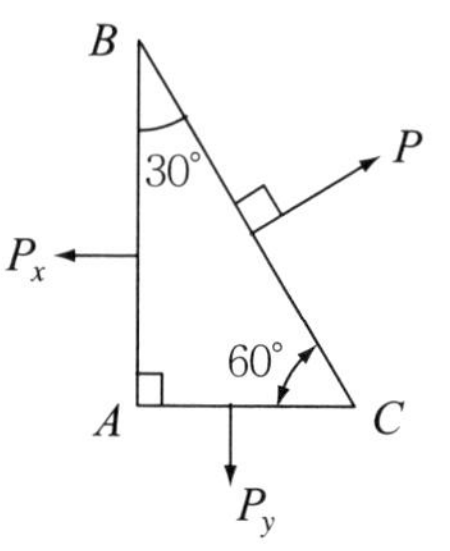

풀이

답 4.3tf

3. 그림과 같은 10tf의 콘크리트 덩이를 움직이려면 A점에 최소 몇 tf의 힘을 주어야 하는가?

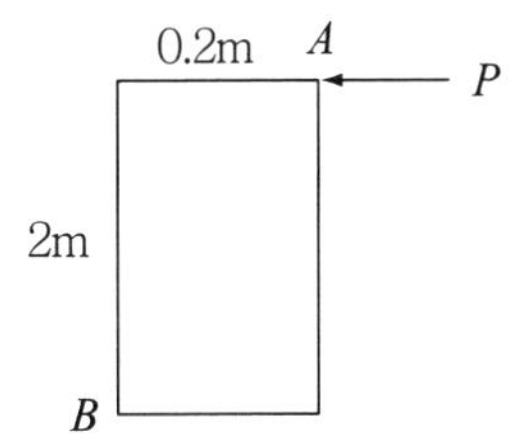

풀이

답 0.5tf

4. 서로 평행한 여러 개의 평면력을 가장 쉽게 합성할 수 있는 방법은?
   ㉮ 연력도를 이용한다.
   ㉯ 힘의 평형사변형을 이용한다.
   ㉰ 힘의 삼각형과 평행사변형을 함께 이용한다.
   ㉱ 힘의 삼각형을 이용한다.

답 ㉮

5. 연력도는 어떤 경우에 무엇을 구하기 위해서 그려지는가?
   ㉮ 1점에 작용하지 않는 여러 힘을 합성할 때 합력의 크기와 방향을 구한다.
   ㉯ 1점에 작용하는 여러 힘을 합성할 때 합력의 작용선을 찾는다.
   ㉰ 1점에 작용하지 않는 여러 힘을 합성할 때 합력의 작용선을 찾는다.
   ㉱ 1점에 작용하는 여러 힘을 합성할 때 합력의 크기와 방향과 작용선을 찾는다.

답 ㉰

6. 무게 W=120kgf인 구가 옆 그림과 같이 벽면 사이에 놓여 있다. 구와 벽면 사이에 마찰이 없다고 가정하면 E점의 반력은?

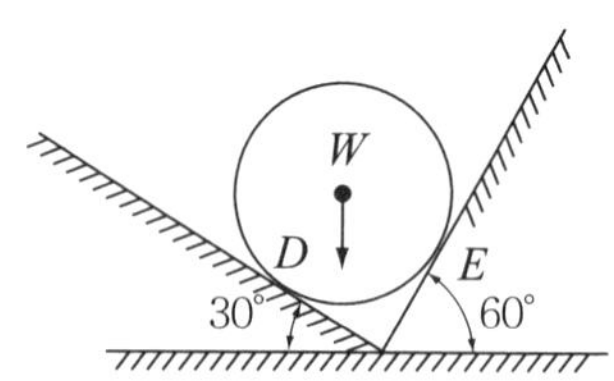

풀이

답 60kgf

7. 옆 그림에서 두 힘에 대한 합력 R의 크기와 합력의 방향 θ 값은?

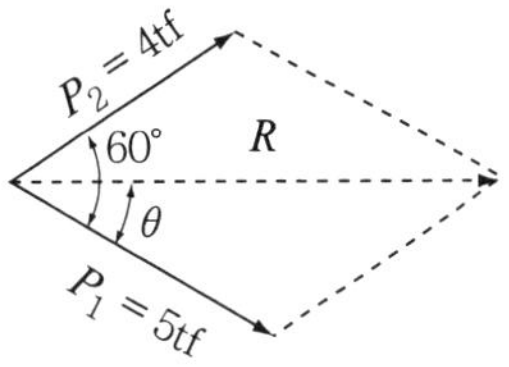

풀이

답 R=7.81tf, θ=26.33°

8. 옆 그림에서 P_1과 R 사이의 각 θ를 탄젠트함수로 나타내시오?

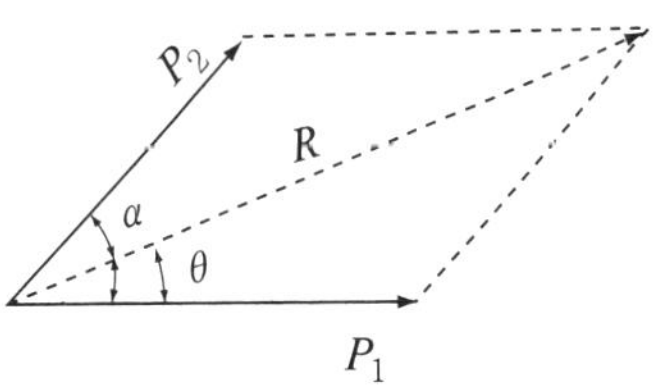

풀이

답 $\tan\theta = \dfrac{P_2 \cdot \sin\alpha}{P_1 + P_2 \cdot \cos\alpha}$

9. 각각 100kgf의 두 힘이 120°의 각도를 이루고 한 점에 작용할 때 합력의 크기는?

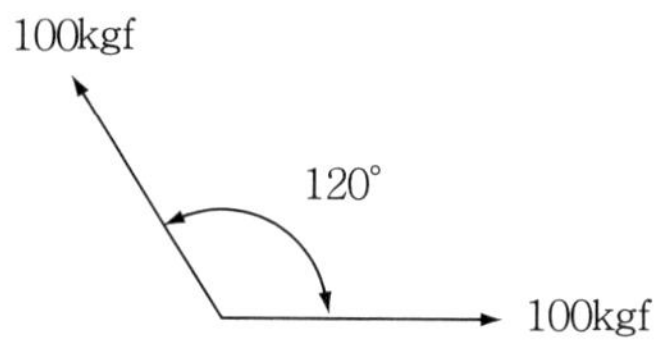

풀이

답 100kgf

10. 4tf과 5tf의 2개의 힘이 75°의 각도로 한 점에 작용할 때 합력의 크기는?

풀이

답 7.17tf

11. 옆 그림에서 3.0tf 및 Xtf의 두 힘이 점 O에 직각으로 작용할 때의 합력이 5.0tf이었다. X의 크기에 해당하는 값은 어느 것인가?

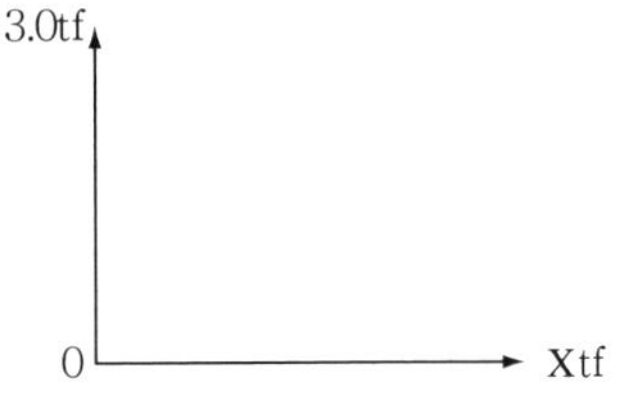

풀이

답 4.0tf

12. 그림과 같이 O점에 여러 힘이 작용할 때 합력은 몇 상한에 위치하는가?

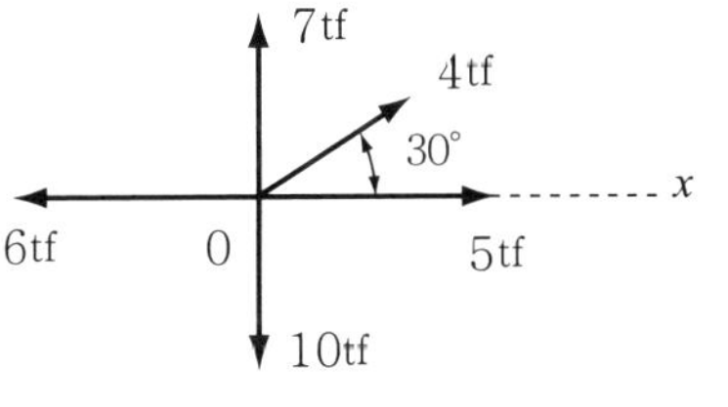

풀이

답 4상한

13. 도식법 또는 도해법으로 힘을 합성하고자 할 때, 주어진 힘들이 서로 평행하거나 평행에 가까울 때에 사용하는 방법으로 다음 중 옳은 것은?

㉮ 시력도　　　　　　　㉯ 극사선

㉰ 연력도　　　　　　　㉱ 힘의 작용선

답 ㉰

14. 한 힘 R이 두 성분 P_1, P_2로 분해되었을 때 cosine 법칙으로 를 구하는 식을 쓰시오.

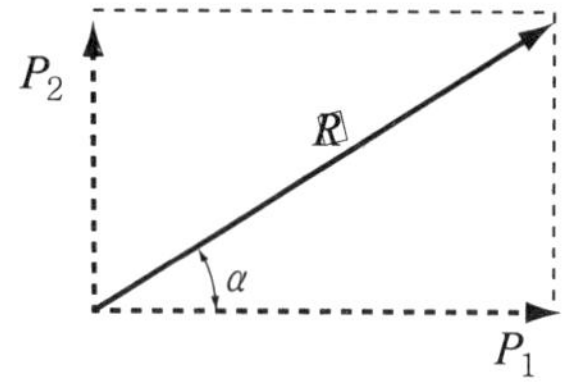

풀이

답 $\cos\alpha = \dfrac{P_1^2 + R^2 - P_2^2}{2RP_1}$

15. 한 점에 작용하는 여러 개의 평면력이 평형을 이룰 수 있는 최소 조건은?

답 $\sum F_x = 0$, $\sum F_y = 0$

16. 그림과 같은 구조물에서 T_1 부재가 5tf의 힘을 받을 때 하중 P의 값은?

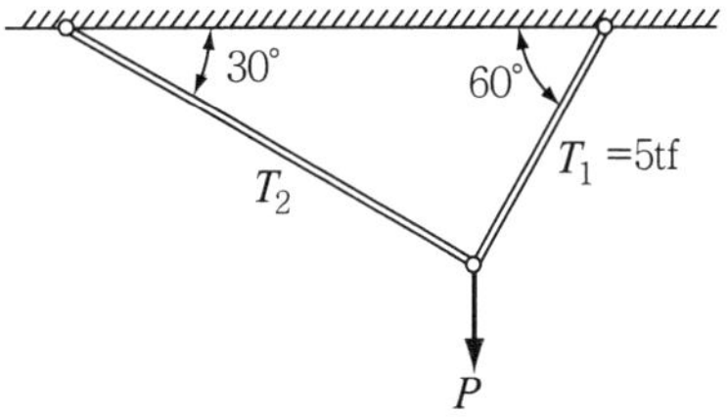

풀이

답 5.77tf

17. 그림과 같이 줄 ACDB의 C점과 D점에 각각 하중 P가 작용할 때 줄 AC에 발생하는 힘은?

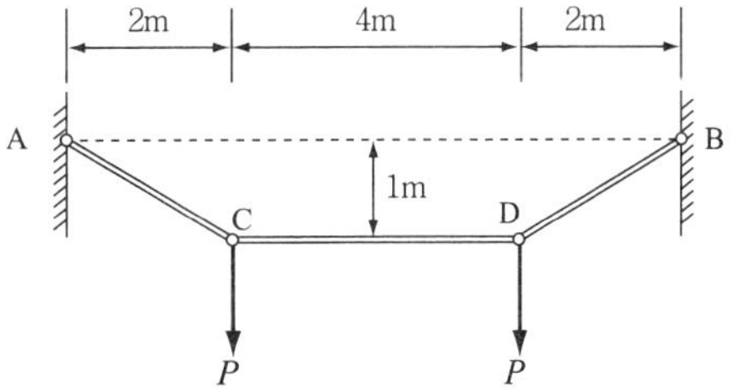

풀이

답 $\sqrt{5}P$

18. 옆 그림과 같이 x-y좌표계의 원점에 세 개의 힘이 작용하여 평형상태를 이루고 있다. 이 때 F의 크기와 방향값은?

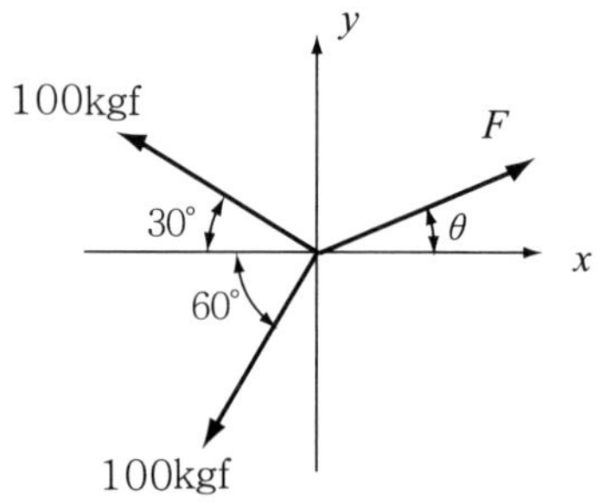

풀이

답 F=141.4kgf, θ=15°

19. 다음 설명 중 옳지 않은 것은?

㉮ 우력의 합은 0이며, 그 크기는 우력 모멘트로 표시한다.

㉯ 세 개의 힘 P_1, P_2, P_3가 서로 균형되고 있을 때, 이 세 개의 힘은 동일 평면상에 있고 1점에서 만난다.

㉰ 임의점의 우력 모멘트는 항상 일정하다.

㉱ 힘의 3요소는 자력선, 크기, 방향이다.

답 ㉱

20. 그림과 같은 크레인의 D_1부재의 부재력은?

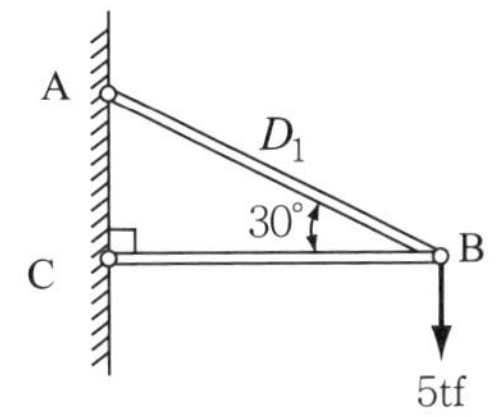

풀이

답 10tf

21. 그림과 같이 무게 18kgf인 물체를 두 개의 끈으로 매달았을 때 끈 AC에 작용하는 인장력 S_1은?

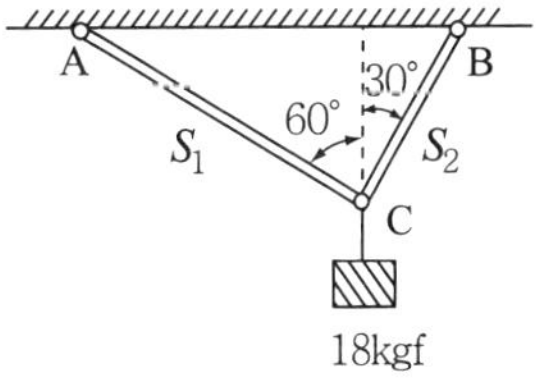

풀이

답 S_1=9kgf

22. 그림과 같은 뼈대 구조물의 C점에 1000kgf의 물체를 매달았을 때, AC 부재 및 BC 부재가 받는 힘은? (단, 부재의 단면과 재료가 같으며, 각 점은 힌지로 되어 있다).

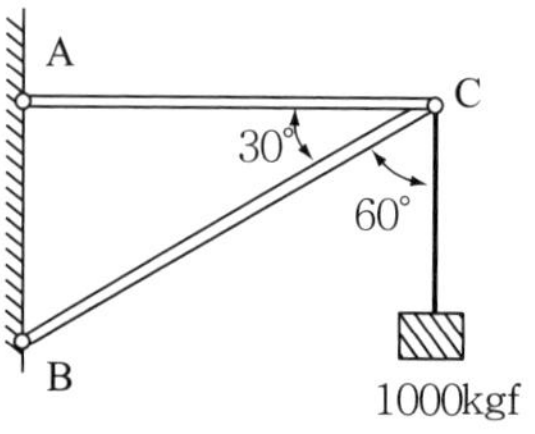

풀이

답 AC=1732kgf(인장), BC=2000kgf(압축)

23. 다음 구조물에서 BC부재의 부재력은 얼마인가?

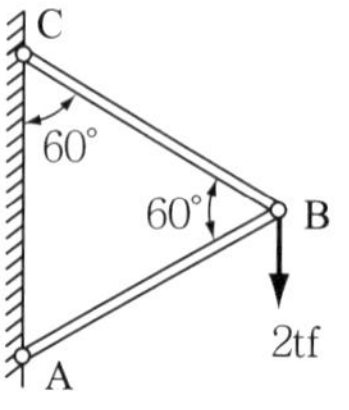

풀이

답 2tf

24. 무게 1000kgf을 C점에 매달 때, 줄 AC에 작용하는 장력은?

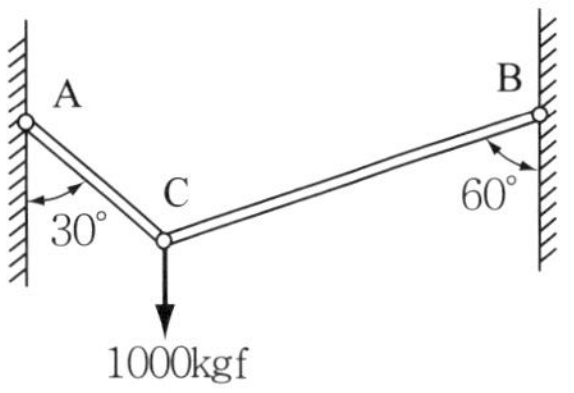

풀이

답 866kgf

25. 그림과 같이 두 개의 활차를 사용하여 물체를 매달 때, 3개의 물체가 평형을 이루기 위한 θ의 값은? (단, 로프와 활차의 마찰은 무시한다.)

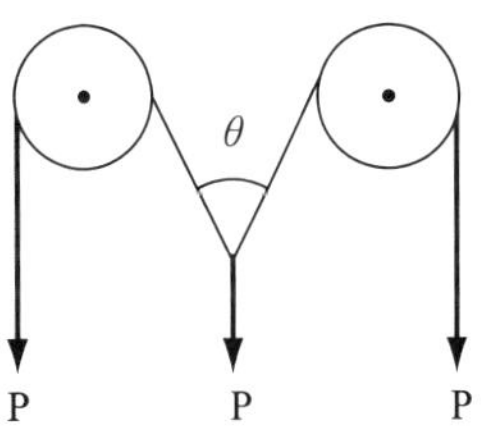

풀이

답 θ=120°

26. 옆 그림과 같이 부양력(浮揚力) 300kgf인 기구가 수평선과 60°의 각을 이루고 정지 상태에 있을 때 기구가 받는 풍압 W 및 로프(rope)에 작용하는 힘 T는?

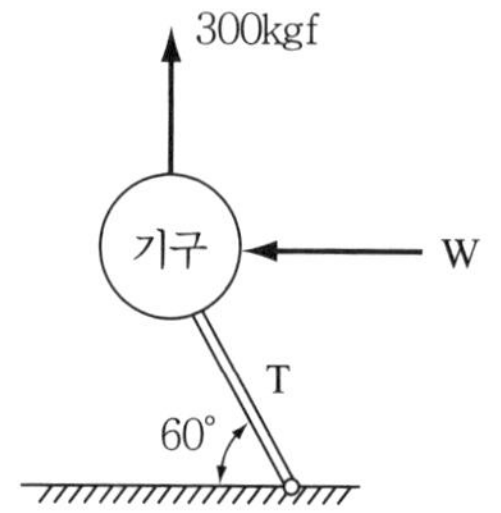

풀이

답 T=346.4kgf, W=173.2kgf

27. 무게 1kgf의 물체를 두 끈으로 매달았을 때, 한 끈이 받는 힘의 크기를 순서대로 표시하면?

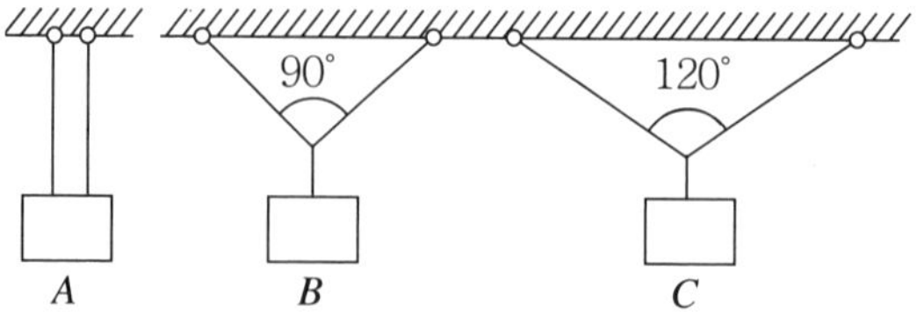

풀이

답 C>B>A

28. 그림과 같은 구조물에 하중 W가 작용할 때 P값은? 단, $0° < \alpha < 180°$이다.

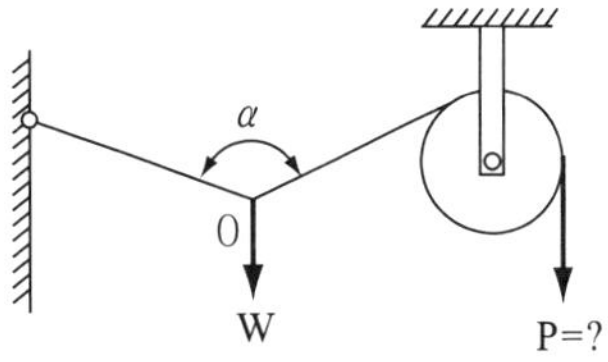

풀이

답 $P = \dfrac{W}{2\cos\dfrac{\alpha}{2}}$

29. 그림에서 D가 받는 힘의 크기는?

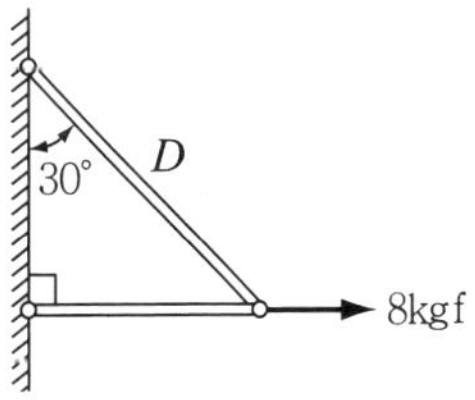

풀이

답 0kgf

30. 옆 그림에서 △ABO의 면적이 24tf · m라면 힘 P의 크기는?

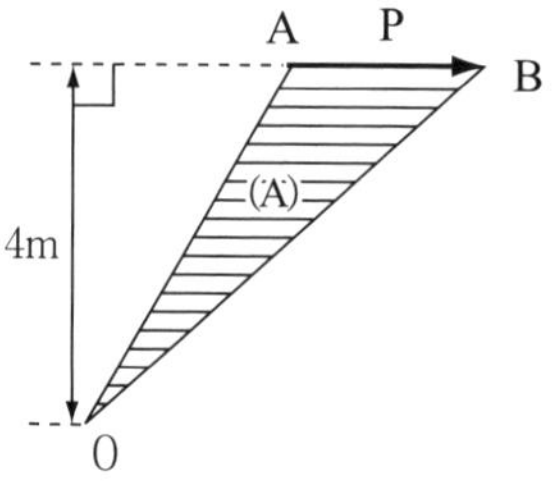

풀이

답 P=12tf

31. 옆 그림과 같은 힘 P의 O점에 대한 모멘트를 옳게 나타낸 것은?

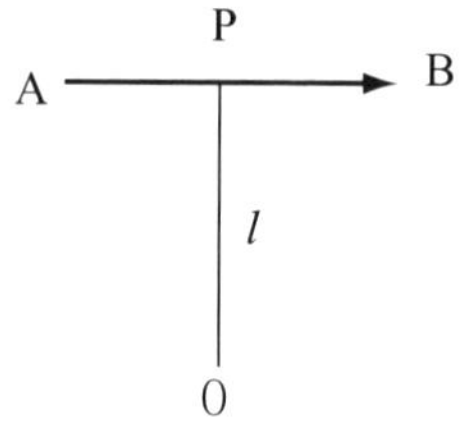

풀이

답 **M**$_0$=P · ℓ =AB×ℓ =2△AOB

32. 옆 그림에서 A점에 대한 모멘트의 값은?

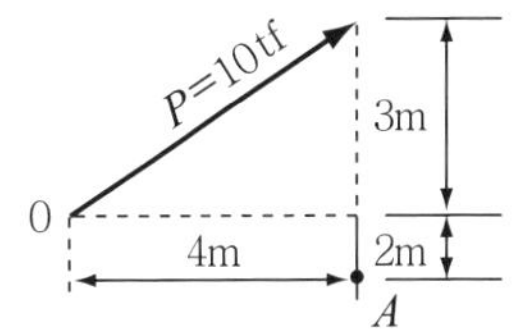

풀이

답 M_A=40tf · m

33. 그림에서와 같이 C점에 10kgf의 힘이 작용하여 A점에 30kgf · m의 모멘트가 발생하였다. BC간의 길이 d를 구하시오?

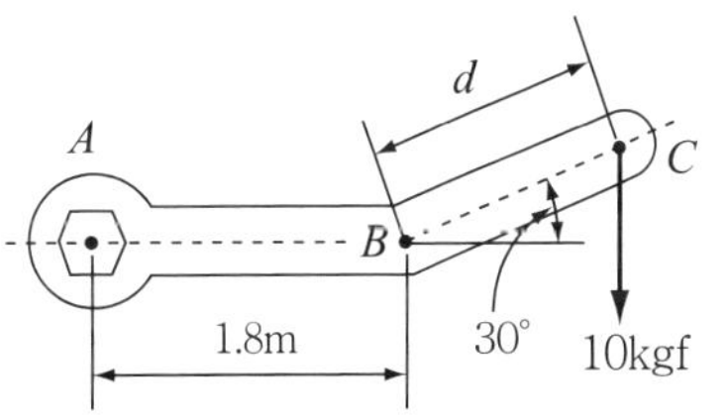

풀이

답 d=1.39m

34. 그림과 같이 10tf이 작용할 경우 A점에 대한 모멘트는? 단, 시계 방향을 (+)로 한다.

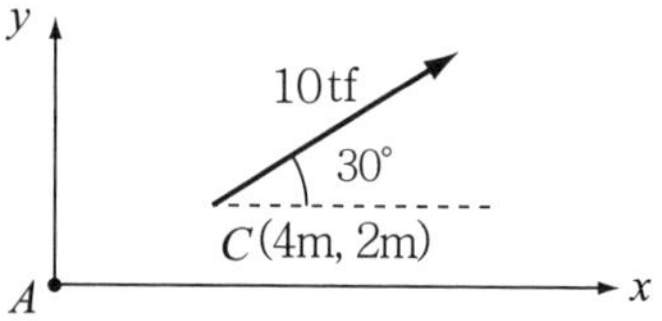

풀이

답 M_A=−2.68 tf · m

35. 옆 그림에서 A~D점에 작용하는 여섯 개 힘에 대한 E점의 모멘트는? 단, 시계 방향을 (+)로 한다.

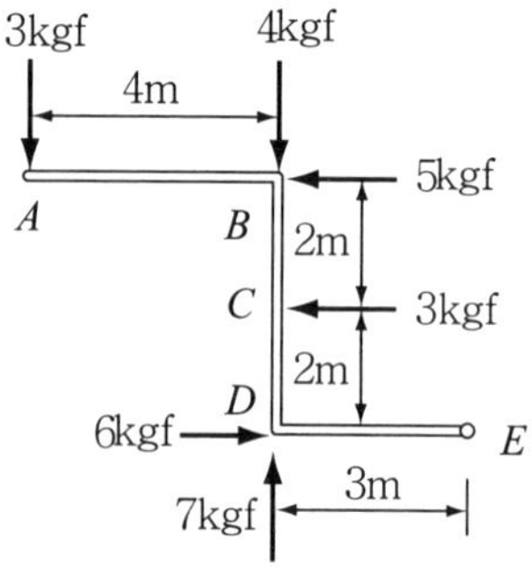

풀이

답 M_E=−38 tf · m

36. "동일 평면상의 한점에 여러 개의 힘이 작용하고 있는 경우에 이 평면상의 임의 점에 관한 이들 힘의 모멘트의 대수합은 동일점에 관한 이들 힘의 합력이 모멘트와 같다."라는 것은?

㉮ 가상 일의 원리

㉯ 바리뇽(Varignon)의 정리

㉰ 라미의 정리

㉱ 모어(Mohr)의 정리

답 ㉯

37. 옆 그림과 같은 세 힘이 평형상태에 있다면 C점에 작용하는 힘 P와 BC사이의 거리 x는?

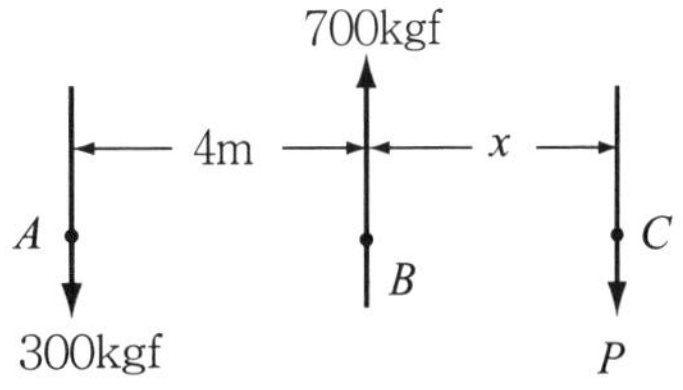

풀이

답 P=400kgf, x=3m

38. 옆 그림과 같은 분포 하중이 작용하는 역계에서 합력의 작용점은 A점부터 얼마 떨어진 곳인가?

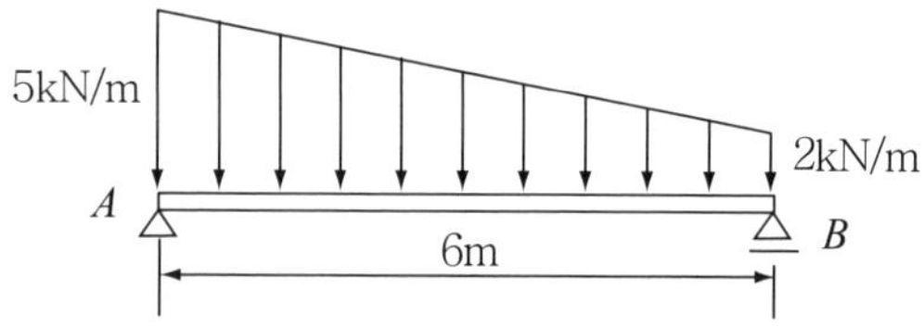

풀이

답 x=2.57m

39. 한 점에 작용하지 않는 몇 개의 힘을 원점으로 이동하여 합성한 결과가 옆 그림과 같다. 이때 합력의 원점 O에 대한 편심거리 e는?

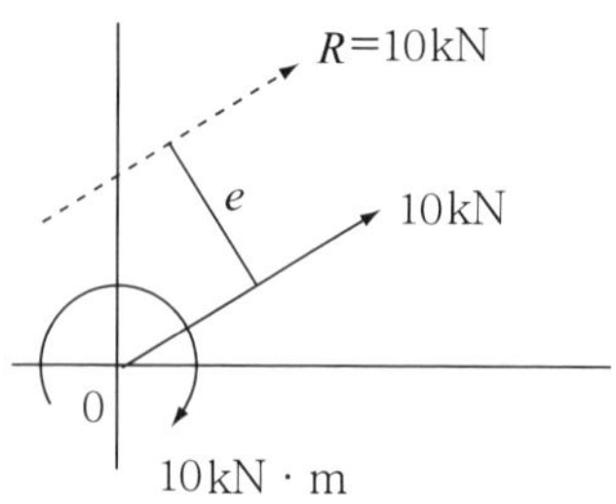

풀이

답 e=1m

40. 옆 그림과 같이 세 개의 평행한 힘이 작용하고 있을 때 합력(R)의 위치 x는 얼마인가?

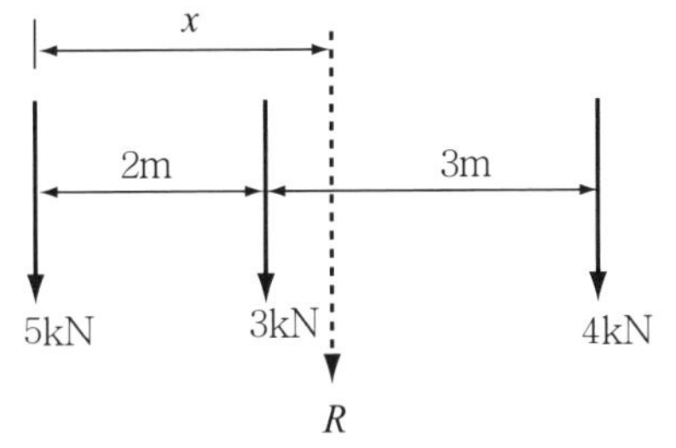

풀이

답 x=2.17m

41. 합력의 위치 x의 값은?

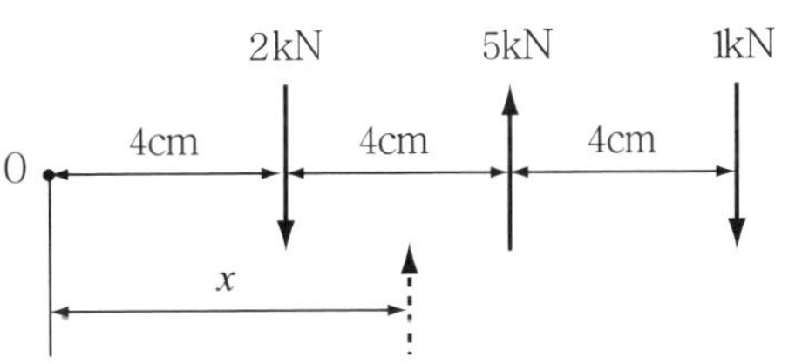

풀이

답 x=10cm

42. 다음 그림에서 작용하는 네 힘의 합력이 A 점으로부터 오른쪽으로 4m 떨어진 곳에 상방향으로 300kgf이라면 F와 P는 각각 얼마인가?

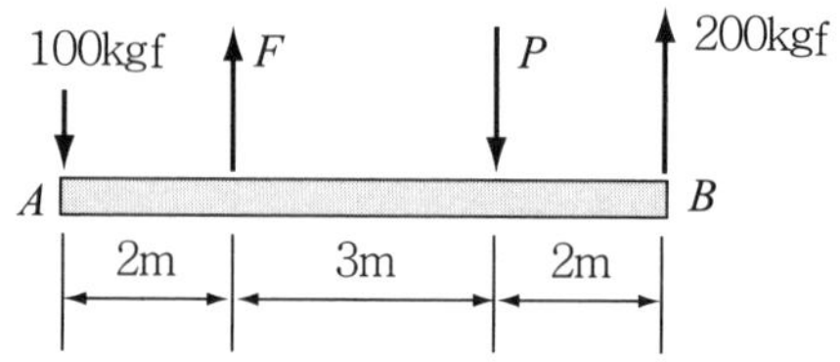

풀이

답 F=400kgf, P=200kgf

43. 힘의 평형조건에 대한 설명 중 옳지 않은 것은?

㉮ 동일점에 작용하지 않는 여러 개의 힘의 해석적 평형조건 $\Sigma H=0$, $\Sigma V=0$, $\Sigma M=0$ 은이다.

㉯ 동일점에 작용하지 않는 여러 개의 힘의 도해적 팽형조건은 시력도 및 연력도가 폐합되어야 한다.

㉰ 동일점에 작용하는 여러 개의 힘의 해석적 평형조건은 $\Sigma H=0$, $\Sigma V=0$이다.

㉱ 동일점에 작용하는 여러 개의 힘의 해석적 평형조건은 연력도가 폐합되어야 한다.

답 ㉱

44. 옆 그림과 같은 기둥을 밀어 넘기는데 필요한 최소의 힘 P의 크기는?

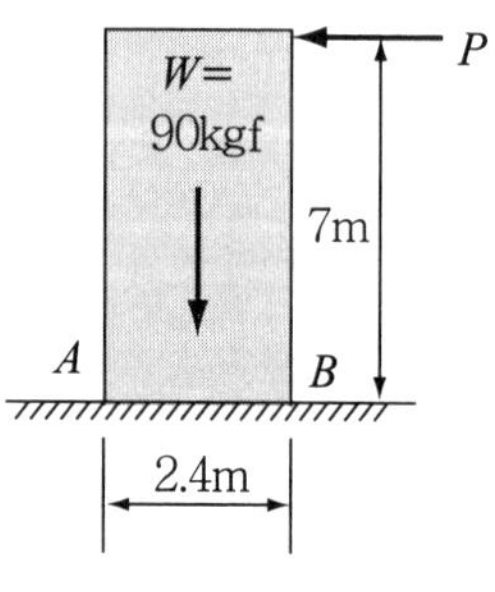

풀이

답 P=15.43kgf

45. 옆 그림에서 부재 A의 축방향력의 크기는?

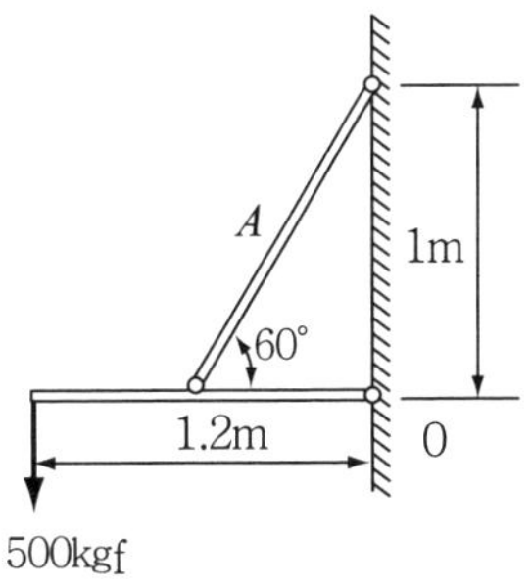

풀이

답 1200kgf(인장)

46. 옆 그림과 같은 구조물에서 D점에 10kN의 힘이 작용할 때 AC부재가 받는 힘은?

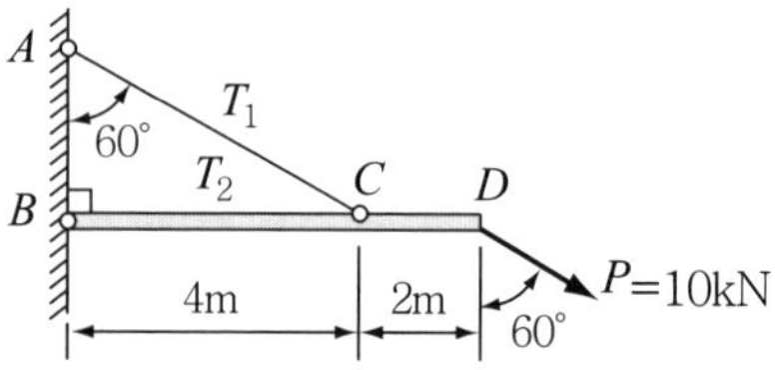

풀이

답 15kN

47. 그림과 같은 강선 A와 B가 서로 평형상태를 이루고 있다. 이때 각도 θ의 값은?

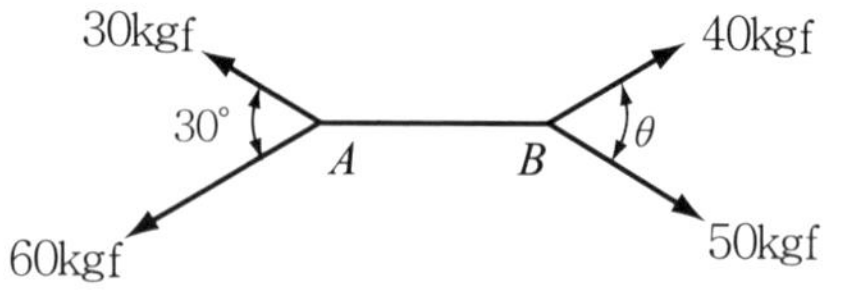

풀이

답 θ =28.43°

48. 그림과 같은 구조물에서 T부재가 받는 힘은?

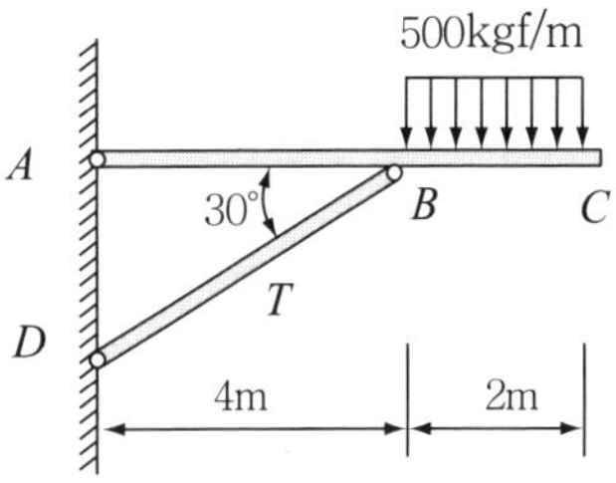

풀이

답 2.5tf(압축)

49 그림과 같이 10cm 높이의 장애물을 하중 3tf인 차륜이 넘어가는데 필요한 최소 힘 P는?

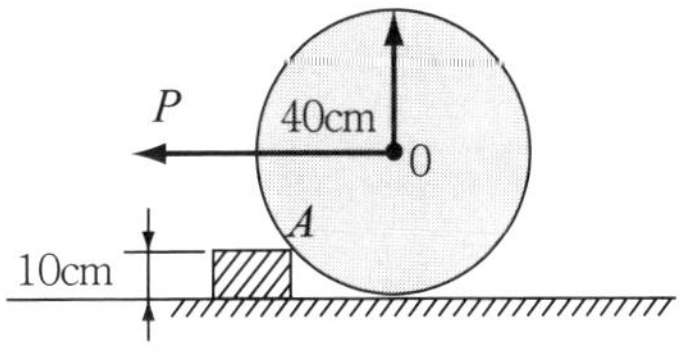

풀이

답 P=2.65tf

50. 그림과 같이 R의 작용점에서 6m 및 2m 떨어진 점에 작용하고 R에 평행한 두 힘 P_1과 P_2로 분해할 때 P_1의 크기는?

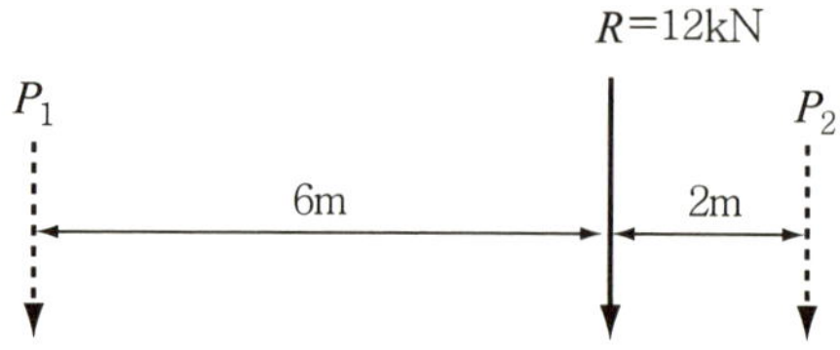

풀이

답 P_1=3kN

51. 그림과 같은 구조물의 E점에 600kgf의 물체를 매달 때 AC 및 BD 부재가 받는 힘의 크기는?

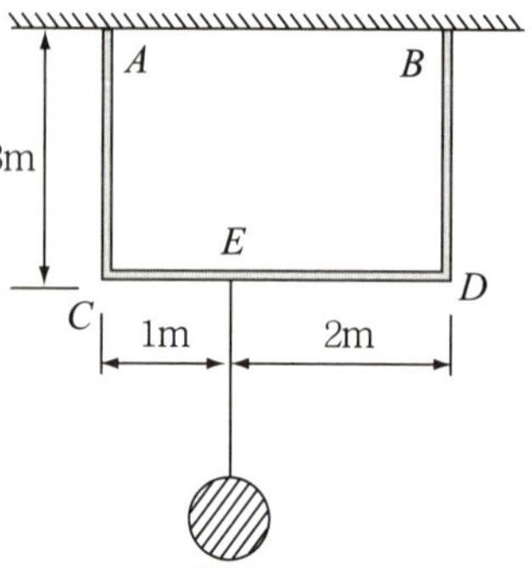

풀이

답 AC=400kgf, BD=200kgf

52. 지점 A, B의 반력이 같기 위한 x의 위치는?

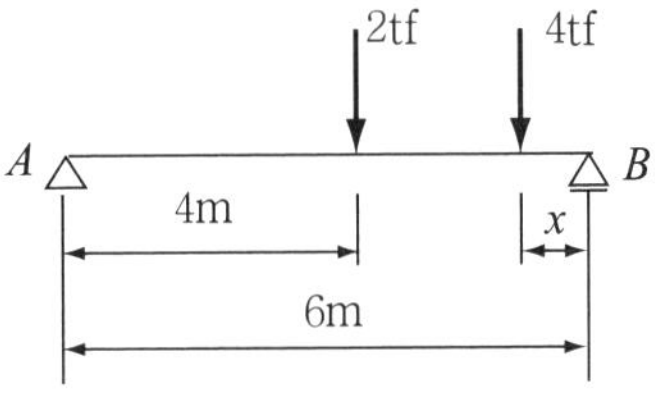

풀이

답 x=3.5m

chapter 03 트러스

chapter 03 | 트러스

3-1 트러스의 일반

(1) 트러스의 정의

그리고 다시 힘을 주어도 이번에는
원래 모양을 유지 하네요.
즉, 삼각형 모양으로 각 끝단에서 서로
연결된 모양은 원래 모양을 유지하네요.
이걸 안정하다고 합니다.
이와같이 삼각형모양으로 직선 부재의
끝과 끝을 연결하여 만든 구조물을
트러스(Truss)라고 합니다.
Truss.
트러스는 교량 구조물에 이용되며
건물의 지붕에도
크레인 구조물에도
이용됩니다.
또, 유명한
에펠탑도 트러스
구조 입니다.

트러스(truss)는 직선 부재들의 끝과 끝을 연결하여 삼각형 모양으로 만든 구조물이다.

트러스의 각 부재가 동일 평면 내에 있고, 외력이 모두 같은 평면 내에 있을 때, 그 트러스는 평면 트러스(plane truss)라고 하며, 동일 평면 내에 있지 않은 트러스는 입체 트러스(space truss)라고 한다. 이 책에서는 평면 트러스만 다루기로 한다.

평면 트러스의 예를 그림 3.1에 보였으며, 트러스를 구성하는 각 부재의 명칭을 나타냈다.

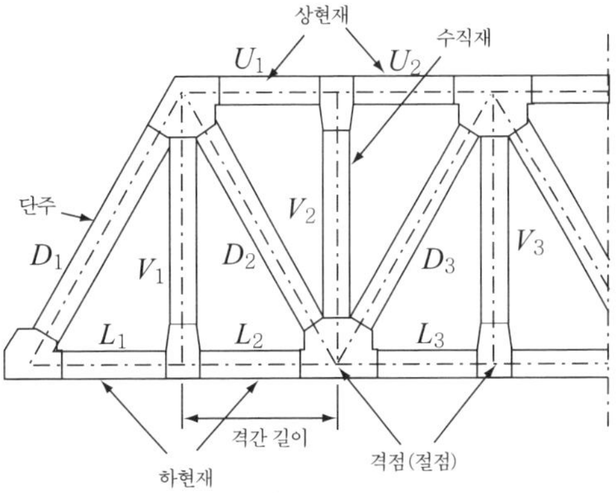

그림 3.1 평면 트러스를 구성하는 각 부재의 명칭

트러스를 구성하는 요소를 부재(member)라고 하며, 부재와 부재의 연결점을 절점(joint) 또는 격점(panel point)이라고 한다. 트러스의 윗부분과 아랫부분을 구성하는 부재를 현재(chord member)라고 하며, 윗부분의 부재 U_1, U_2를 상현재(upper chord member), 아랫부분의 부재 L_1, L_2를 하현재(lower chord member)라고 한다. 상현재와 하현재를 잇는 부재를 복부재(web member)라고 하며, 특히 수직인 부재 V_1, V_2 등을 수직재(vertical member), 경사진 부재 D_1, D_2을 경사재(diagonal member)라고 한다. 또, 오른쪽과 왼쪽 양 끝의 복부재는 단주(end post)라고 한다. 현재의 두 격점 사이를 격간(panel)이라 하며, 격간 사이의 길이를 격간 길이(panel length)라고 한다.

(2) 트러스 부재의 연결

트러스를 제작 시공할 때
부재와 부재의 연결점을
절점(격점)이라고 하며,
연결 방법은...
Joint
panel point
트러스 부재의 연결판을 이용한
연결의 전형적인 예 입니다.
절점에서 연결판에
부재의 끝을
조이거나 용접하여
연결합니다.
또는 각 부재를 볼트와
핀으로 관통시켜 직접
연결하기도 합니다.
직접 연결의
전형적인 예 입니다.

트러스를 제작 시공할 때 일반적으로 부재들은 목재, 금속봉, L형강, C형강, H형상 등이 사용된다. 각 부재는 그림 3.2(a)에 보인 바와 같이 절점(또는 격점)에서 연결판(gusset plate)이라 불리는 판에 부재의 끝단을 볼트로 조이거나 용접하여 연결한다. 또는 그림 3.2(b)와 같이 각 부재를 볼트나 핀으로 관통시켜 직접 연결하기도 한다.

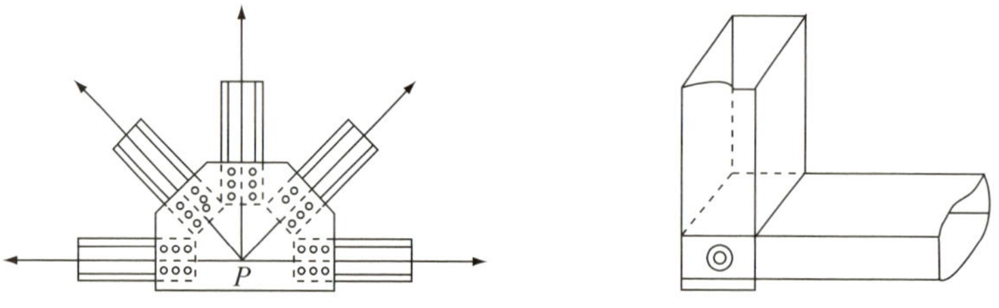

(a) 연결판에 의한 연결 (b) 직접 연결

그림 3.2 트러스 부재의 연결

(3) 트러스의 종류 및 하중의 전달

트러스는 현재의 형상, 복부재의 배치 형식에 따라 그 종류가 다르며, 여러 가지 명칭으로 불린다. 여기에서는 교량 트러스와 지붕 트러스로 구분하여 여러 가지 트러스의 형식을 알아보도록 한다.

교량트러스는 그림 3.3과 같이 도로 양쪽에 각각 하나의 평면 트러스를 사용한 구조이다. 각 평면 트러스는 횡브레이싱에 의해 서로 연결되어 있다. 바닥틀은 상판, 가로보 및 세로보로 구성되어 있다.

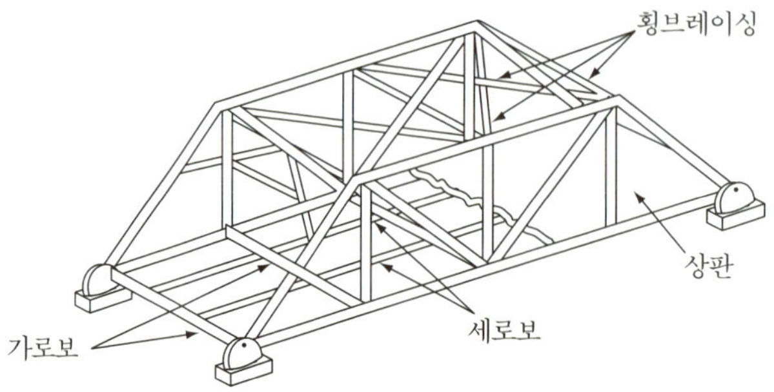

그림 3.3 교량 트러스의 구조

교량 트러스에 보편적으로 쓰이는 대표적인 트러스는 프랫 트러스(pratt truss), 와렌 트러스(warren truss), 하우 트러스(howe truss) 등이 있으며, 전형적인 교량 트러스의 여러 가지 형식을 그림 3.4에 보였다.

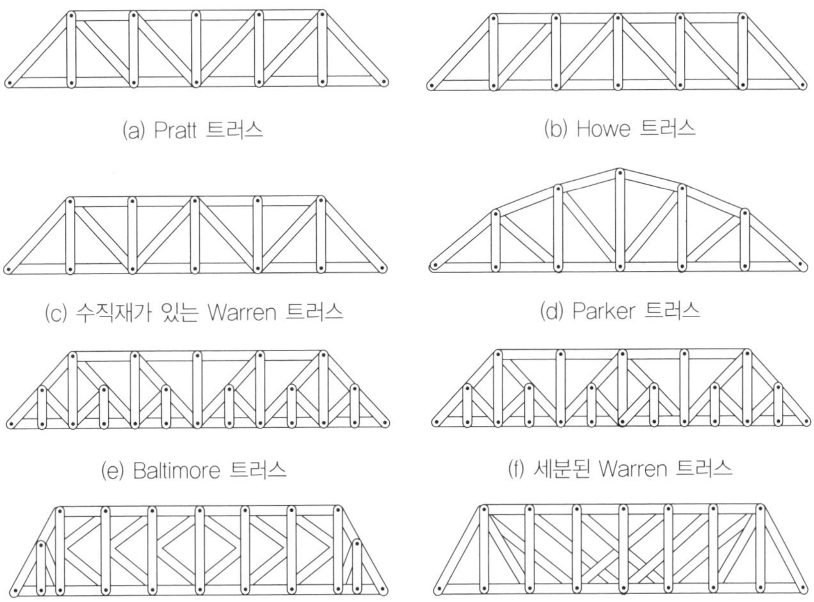

(a) Pratt 트러스 (b) Howe 트러스

(c) 수직재가 있는 Warren 트러스 (d) Parker 트러스

(e) Baltimore 트러스 (f) 세분된 Warren 트러스

(g) K-트러스 (h) Whipple 트러스

그림 3.4 교량 트러스의 여러 가지 형식

지붕 트러스의 전형적인 예를 그림 3.5에 보였다. 지붕을 지지하기 위한 지붕 트러스의 형식은 지간, 기울기 및 지붕재료 형식에 따라 선택된다. 지붕 트러스의 여러 가지 형식을 그림 3.6에 보였다.

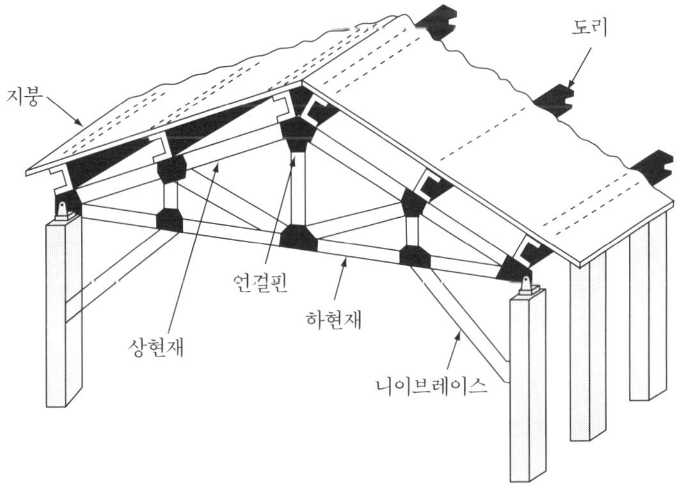

그림 3.5 지붕 트러스의 구조

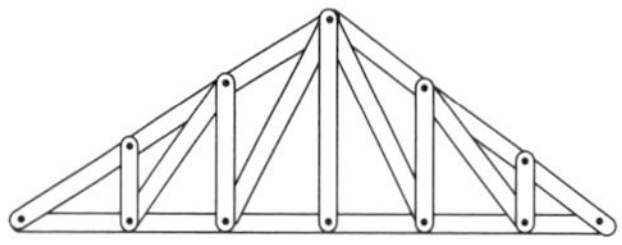

(a) Howe 트러스

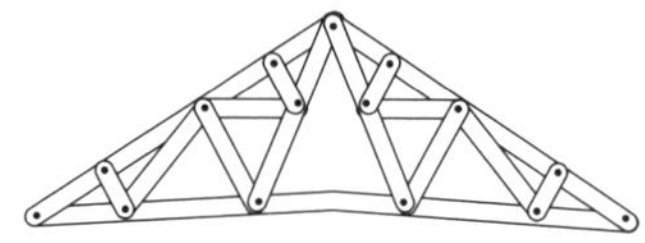

(b) 솟은(Cambered) Fink 트러스

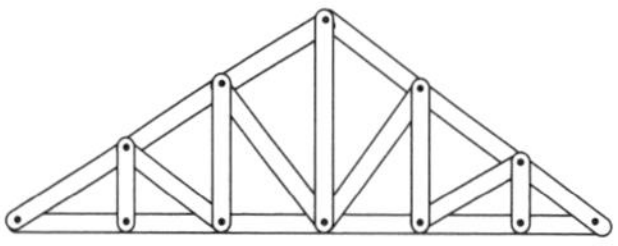

(c) Pratt 트러스

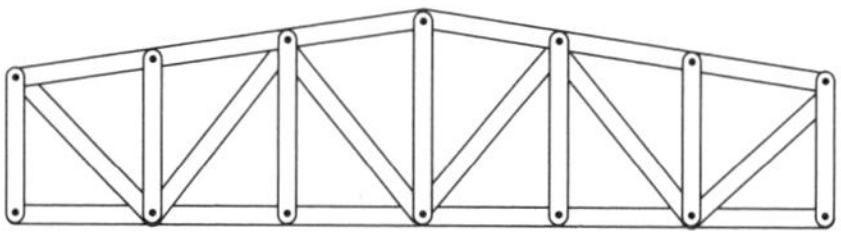

(d) Warren 트러스

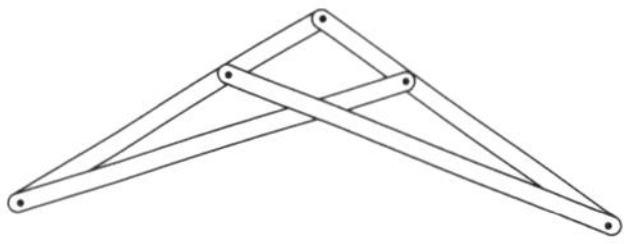

(e) 가위트러스(Scissors)

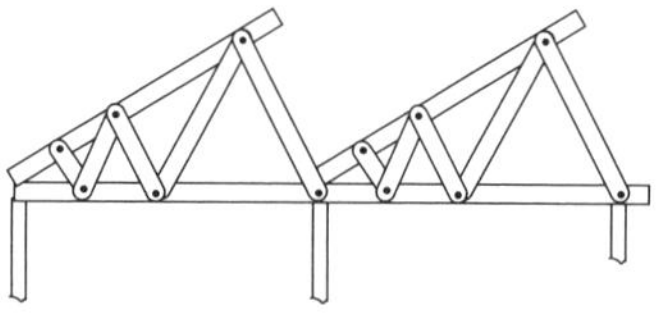

(f) 톱니트러스(Sawtooth)

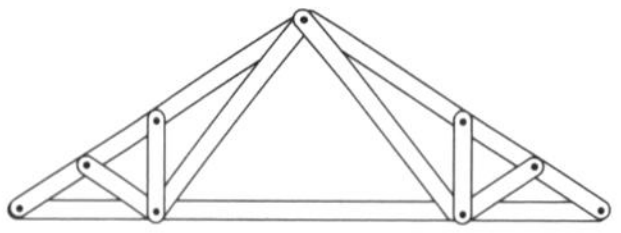

(g) Fan 트러스

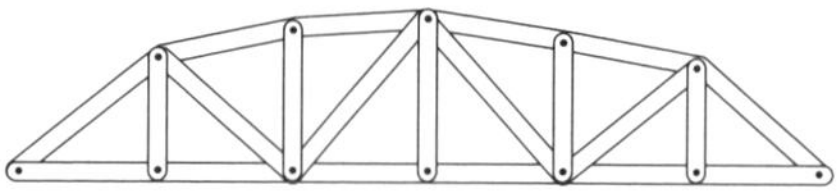

(h) 궁현트러스(bowstring)

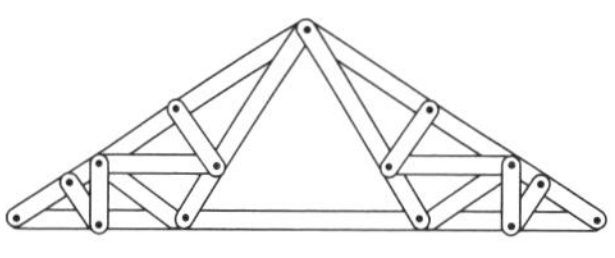

(i) Fink 트러스

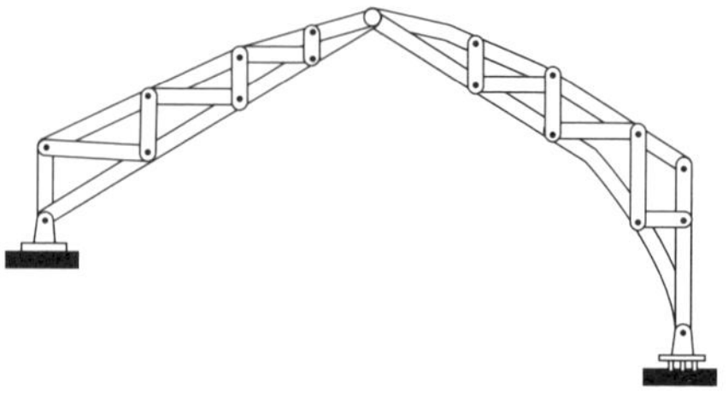

(j) 삼활절 아치트러스(three-hinged arch)

그림 3.6 지붕 트러스의 여러 가지 형식

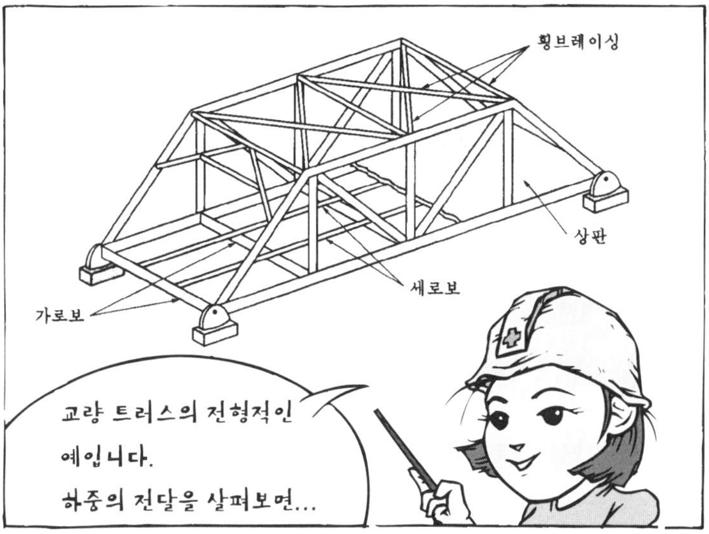
횡브레이싱
상판
세로보
가로보
교량 트러스의 전형적인 예입니다. 하중의 전달을 살펴보면...

상판에 작용하는 하중은 세로보를 통해 가로보로 전달되고, 트러스 절점에 연결된 가로보는 힘을 절점으로 전달합니다.
상판
세로보
가로보
트러스 절점

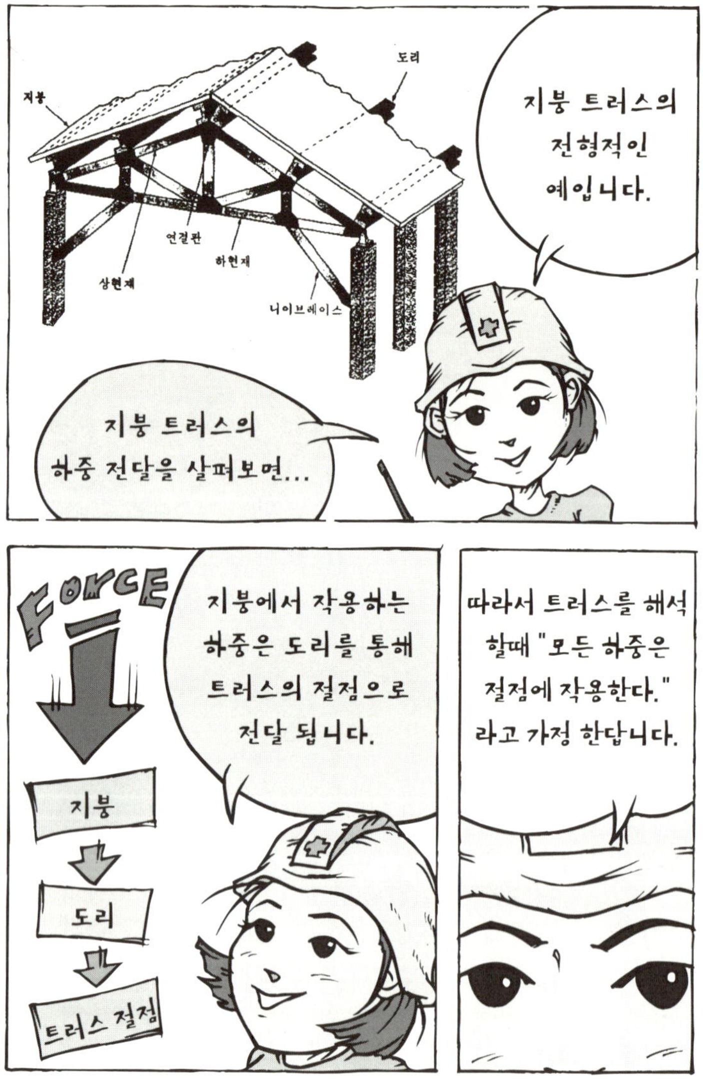

3-2 트러스 구조물의 해석

(1) 가정

트러스 해석에는 다음과 같은 가정이 필요하다.

① 부재는 미끄러운(마찰이 없는) 핀으로 연결되어 있다.

부재는 절점에서 자유롭게 회전할 수 있는 마찰이 없는 힌지로 연결되어 있다고 가정한다. 이전에는 이 가정과 일치하도록 절점에 핀을 사용하여 부재를 연결하였다. 그러나 이러한 구조는 실제로 많은 문제점을 가지고 있다는 사실이 알려져 오늘날에는 핀 결합 연결의 트러스는 사용하지 않고, 리벳이나 고장력 볼트, 또는 용접으로 연결하는 강결 트러스가 널리 사용되고 있다. 강결 트러스의 절점은 힌지의 역할을 거의 할 수 없는 구조이다. 하지만 부재들이 강결되어 있다하더라도 부재들의 중심이 절점에서 모두 만나면 이 가정은 대개 만족한다.

② 모든 하중은 절점에 작용한다.

교량 트러스의 경우 하중은 절점에 연결된 가로보를 통해 절점에 전달된다. 또, 지붕 트러스의 경우에는 트러스의 절점에 연결된 도리에 의해 지붕에 작용하는 하중을 절점에 전달한다.

부재의 무게는 절점에 작용하는 하중에 비해 작으므로 대개 무시한다. 그러나 무재의 무게를 고려할 필요가 있을 때는 각 부재 무게의 반을 그 부재가 연결된 절점에 수직하중으로 작용시킨다.

위 가정에 따르면, 트러스의 각 부재는 전단력과 휨모멘트는 받지 않으며, 오직 그림 3.7과 같이 인장이나 압축의 축방향력만 받는다. 그림 3.7(a)와 같이 축방향력이 부재를 당기는 경우를 인장이라고 하고, 그림 3.7(b)와 같이 축방향력이 부재를 누르는 경우를 압축이라고 한다.

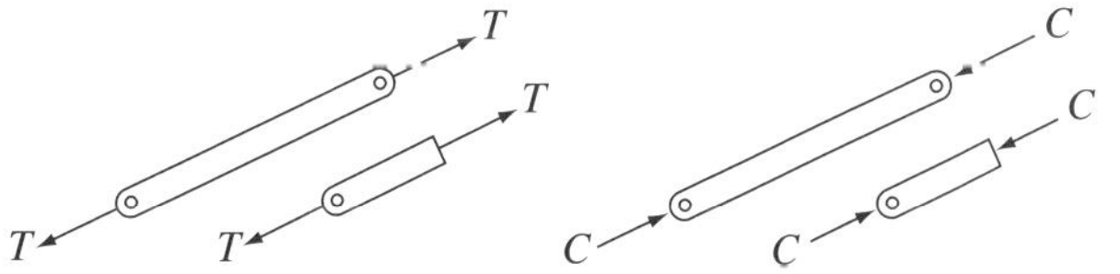

(a) 인장 (b) 압축

그림 3.7 트러스 부재의 축방향력

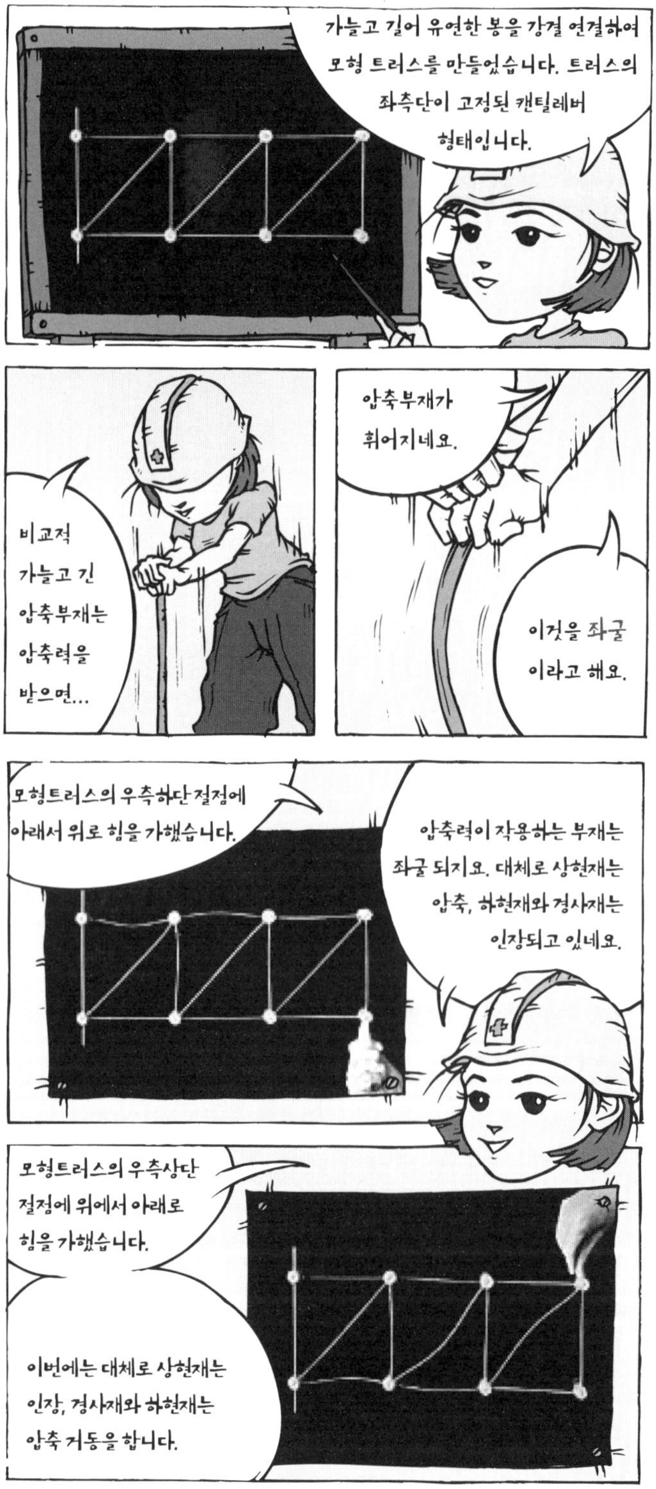
가늘고 길어 유연한 봉을 강결 연결하여
모형 트러스를 만들었습니다. 트러스의
좌측단이 고정된 캔틸레버
형태입니다.
비교적
가늘고 긴
압축부재는
압축력을
받으면…
압축부재가
휘어지네요.
이것을 좌굴
이라고 해요.
모형트러스의 우측하단 절점에
아래서 위로 힘을 가했습니다.
압축력이 작용하는 부재는
좌굴 되지요. 대체로 상현재는
압축, 하현재와 경사재는
인장되고 있네요.
모형트러스의 우측상단
절점에 위에서 아래로
힘을 가했습니다.
이번에는 대체로 상현재는
인장, 경사재와 하현재는
압축 거동을 합니다.

(2) 트러스의 안정과 정정

1) 안정 및 불안정

그림 3.8(a)와 같은 지점조건을 갖는 트러스는 어떠한 외력이 작용하더라도 이동하거나 회전하지 않고 항상 정지상태를 유지하여 그 위치를 바꾸지 않는다. 이와 같은 상태를 트러스가 외적 안정 상태에 있다고 한다. 그러나 그림 3.8(b)와 같은 지점조건을 갖는 트러스는 외력이 작용하면 구조물 전체가 그 위치를 이동하게 된다. 이 상태는 트러스가 외적 불안정 상태라고 한다. 트러스의 외적 안정 또는 불안정은 트러스 구조물의 지지조건에 관계된다.

또한, 트러스는 내부적으로도 안정(rigid)해야 한다. 내적 안정은 트러스가 원래의 모양을 유지하면서 일반적인 하중조건에서 붕괴가 일어나지 않는다는 것이다. 그림 3.8(d)의 트러스는 외력이 작용하면 원래의 모양이 내부적으로 큰 변형을 일으키는 내적 불안정 상태이다. 그림 3.8(d)에 보인 트러스의 사각형으로 이루어진 부분에 부재를 하나씩 더하여 그림 3.8(c)와 같은 삼각형 모양의 트러스로 하면, 이 트러스는 내부적으로 큰 변형을 일으키지 않는 내적 안정 상태가 된다. 이와 같이 트러스의 각 부재의 연결이 삼각형 모양으로 이루어지면, 이러한 트러스는 모두 내적으로 안정하다. 또, 이런 방법으로 만들어진 트러스를 단순 트러스(simple truss)라고 한다.

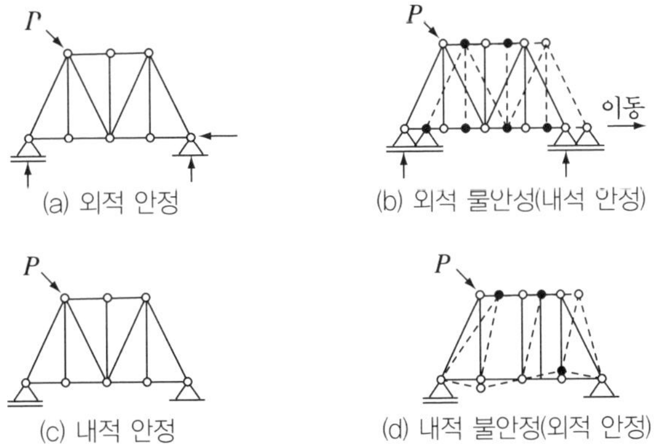

그림 3.8 트러스의 안정 및 불안정

2) 정정 및 부정정

트러스의 지점 반력을 계산할 때, 사용가능한 힘의 평형방정식은 3개($\Sigma F_x = 0$, $\Sigma F_y = 0$, $\Sigma M = 0$)이다. 따라서 그림 3.9(a)와 같은 트러스는 지점 반력의 수가 3개이므로 반력을 구할 수 있다. 이와 같은 트러스를 외적 정정 트러스라고 한다. 그러나 반력의 수가 3개를 초과하여 그림 3.9(b)와 같이 4개가 되면, 힘의 평형방정식만으로는 반력을 구할 수 없다. 이러한 트러스를 외적 부정정 트러스라고 한다.

그림 3.9(c)와 같이 트러스를 구성하고 있는 모든 부재가 삼각형의 한 변을 이루고 있을 경우, 이러한 트러스의 각 부재의 부재력은 힘의 평형방정식만으로 구할 수 있다. 이와 같은 트러스를 내적 정정 트러스라고 한다. 그러나 그림 3.9(d)와 같이 점선부분에 부재가 있는 트러스는 힘의 평형방정식만으로는 부재력을 구할 수 없다. 이러한 트러스를 내적 부정정 트러스라고 한다.

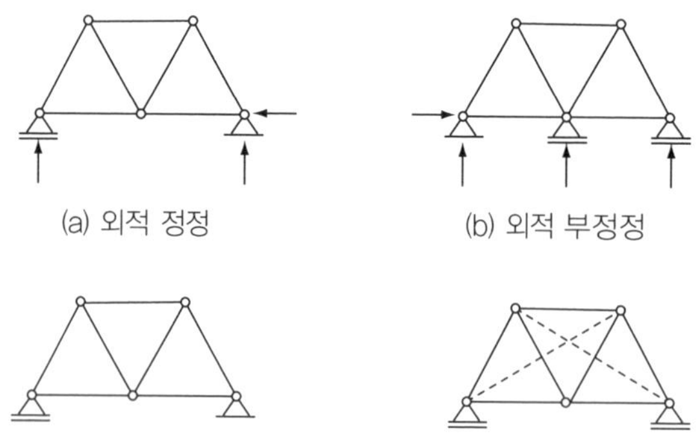

(a) 외적 정정　(b) 외적 부정정

(c) 내적 정정　(d) 내적 부정정

그림 3.9 트러스의 정정 및 부정정

3) 트러스 구조물의 판별

트러스가 안정인지 불안정인지 또는 정정인지 부정정인지는 사용가능한 독립적인 방정식의 수와 미지수의 수를 비교하여 판별할 수 있다. 트러스의 절점의 수를 j, 부재의 수를 m, 반력의 수를 r이라고 하고, 외적 판별식과 내적 판별식을 알아보자.

- 외적 판별식 : 사용가능한 판별식($\Sigma F_x = 0$, $\Sigma F_y = 0$, $\Sigma M = 0$)의 수는 3개이고, 반력의 수 r은 미지수이므로, 외적 판별식은 다음과 같다.

$$N_1 = r - 3 \qquad (3\text{-}1)$$

여기서 $N_1 < 0$이면 외적 불안정 $N_1 = 0$이면 외적 안정 및 외적 정정, $N_1 > 0$이면 외적 안정 및 외적 부정정이고, N_1은 외적 부정정 차수이다.

- 내적 판별식 : 부재의 수가 m일 때 부재력은 축방향력 1개 뿐이므로 부재력의 수는 m이다. 따라서 외적 정정인 트러스의 반력의 수와 부재력의 수 m의 합계는 $(m+3)$이며, 이것이 미지수의 수이다. 또한 절점의 수가 j일 때 절점마다 2개의 평형방정식($\Sigma F_x = 0$, $\Sigma F_y = 0$)이 성립하므로 사용가능한 독립적인 방정식의 수는 $2j$이다. 따라서 트러스의 내적 판별식은 다음과 같다.

$$N_2 = (m+3) - 2j \tag{3-2}$$

여기서, $N_2 < 0$이면 내적 불안정 $N_2 = 0$이면 내적 안정 및 내적 정정, $N_2 > 0$이면 내적 안정 및 내적 부정정이고, N_2는 내적 부정정 차수이다.

【예제 3-1】

아래 그림과 같은 트러스 구조물을 판별하시오.

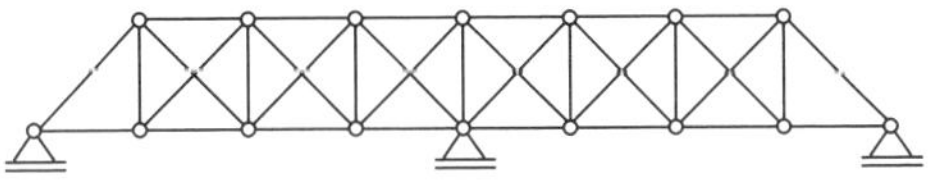

풀이 절점의 수 j-16 , 부재이 수 m=35, 반력의 수 m=4이다.
외적 판별식인 식 (3-1)을 이용하면,

$$N_1 = r-3 = 4-3 = 1>0$$

따라서, 이 트러스는 외적 안정이고, 외적 1차 부정정이다.
또, 내적 판별식인 식 (3-2)를 이용하면

$$N_2 = (m+3) - 2j = (35+3)-2\times16 = 6>0$$

따라서, 이 트러스는 내적 안정이고, 내적 6차 부정정이다.

답 외적 안정 및 외적 1차 부정정, 내적 안정 및 내적 6차 부정정

(3) 해석방법

트러스의 부재력을 구하는 방법은 해석법과 크레모나의 방법(Cremona's method), 리터의 방법(Ritter's method) 등과 같은 도해법이 있다. 이 책에서는 도해법은 다루지 않고, 해석법만 공부하기로 한다.

해석법에는 절점법과 단면법이 있다. 절점법은 각 절점마다 자유물체도를 작성한 후, 힘의 평형조건을 이용하여 부재력을 구하는 방법이다. 단면법은 트러스를 적절한 단면으로 잘라낸 트러스 일부분에 대해 자유물체도를 작성한 후, 여기에 작용하는 외력과 부재력에 대해 힘의 평형조건을 적용하여 부재력을 구하는 방법이다. 단면법에서도 $\Sigma F_y = 0$의 평형조건을 적용하여 부재력을 구하는 방법을 전단력법 또는 Culmann의 방법이라고 하며, $\Sigma M = 0$의 평형조건을 적용하는 방법을 모멘트법 또는 Ritter의 방법이라고 한다.

트러스의 각 부재력을 구할 때 한가지 방법만을 이용할 필요는 없다. 각 부재마다 가장 편리한 방법을 선택하는 것이 바람직하다.

(4) 절점법

각 절점을 트러스의 다른 부분과 분리하여 자유물체도를 그리고 힘의 평형조건을 이용하여 부재력을 구한다. 모든 하중은 절점에만 작용하고, 모든 트러스 부재에는 축방향력만이 작용하므로 각 절점에 작용하는 힘은 동일점에 작용하는 힘이다. 따라서 평면 트러스의 각 절점의 평형방정식은 $\Sigma F_x = 0$, $\Sigma F_y = 0$이다.

트러스의 부재력을 절점법으로 구하는 방법은 다음과 같다.

㉮ 전체 트러스의 평형을 고려하여 지점 반력을 구한다.

㉯ 미지의 부재력이 두 개 이하인 절점부터 절단하여 자유물체도를 그린다.

㉰ 자유물체도를 그릴 때, 미지의 부재력은 모두 인장을 받는다고 가정한다. 인장부재는 그 부재가 당겨지는 상태에 있고 절점도 같은 상태에 있으므로 절점에서 멀어지는 방향의 화살표가 인장을 나타내도록 규약한다. 그림 3.10에 인장부재 또는 압축부재를 표시하는 규약을 보였다.

㉱ 작성된 자유물체도에 평형조건($\Sigma F_x = 0$, $\Sigma F_y = 0$)을 적용하여 미지의 부재력을 계산한다.

㉲ 미지의 부재력을 계산한 결과, 부재력의 부호가 (+)이면 인장부재이고, (−)이면 압축부재이다.

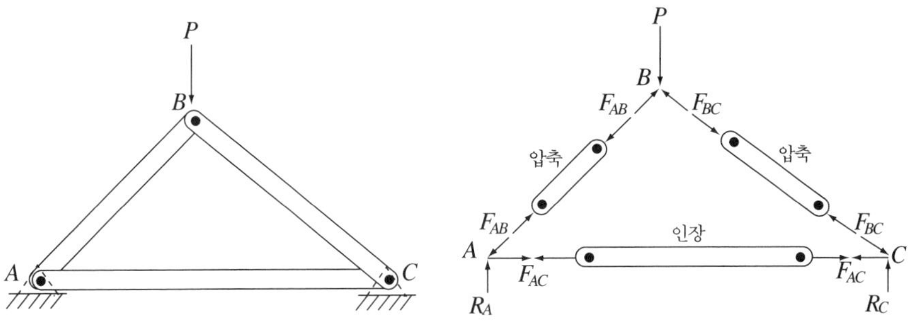

그림 3.10 인장부재 및 압축부재 표시방법

【예제 3-2】

아래 그림과 같은 하우 트러스의 각 부재력을 절점법으로 구하시오.

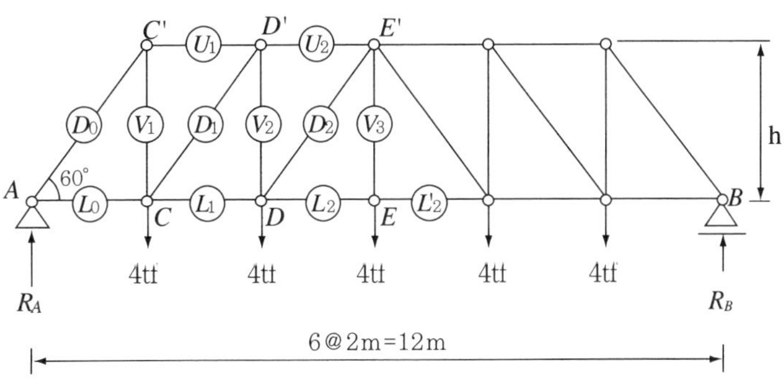

풀이 트러스에 작용하는 외력이 대칭이므로 지점 반력은 외력의 절반이다.

$$R_A = R_B = \frac{1}{2}(4\text{tf} \times 5) = 10\text{tf}$$

(i) 절점 A에서

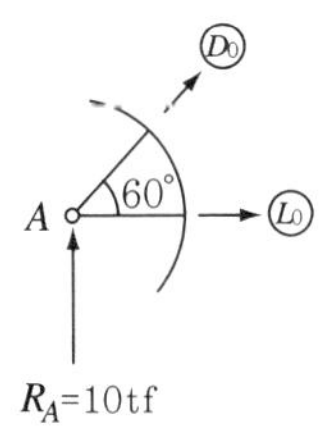

$$\sum F_y = 0 : 10 + D_0 \sin 60^\circ = 0$$

$$\therefore D_0 = -\frac{1}{\sin 60^\circ} \times 10 = -11.547\text{tf} = 11.547\text{tf(압축)}$$

$$\sum F_x = 0 : L_0 + D_0 \cos 60^\circ = 0$$

$$\therefore L_0 = -D_0 \sin 60^\circ$$

$$= -(-11.547)\sin 60^\circ = 5.774\text{tf(인장)}$$

(ii) 절점 C'에서

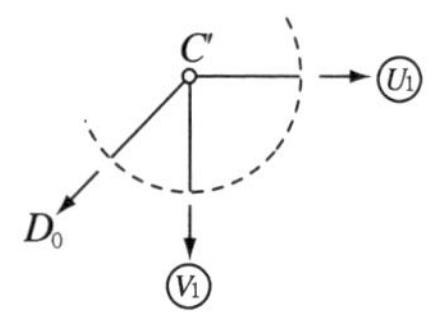

$\sum F_y = 0 : -D_0\sin60^\circ - V_1 = 0$

$\therefore V_1 = -D_0\sin60^\circ$

$= -(-11.547)\sin60^\circ = 10tf = 10tf$(인장)

$\sum F_x = 0 : -D_0\cos60^\circ + U_1 = 0$

$\therefore U_1 = D_0\cos60^\circ$

$= -11.547\cos60^\circ = -5.774tf = -5.774tf$(압축)

(iii) 절점 C에서

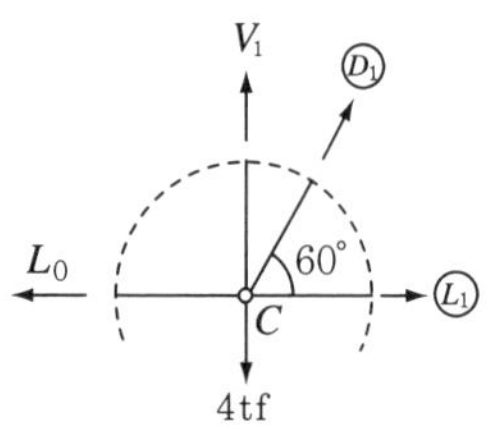

$\sum F_y = 0 : -4 + V_1 + D_1\sin60^\circ = 0$

$\therefore D_1 = \dfrac{(4-V_1)}{\sin60^\circ}$

$= \dfrac{(4-10)}{\sin60^\circ} = -6.928tf = 6.928tf$(압축)

$\sum F_x = 0 : -L_0 + L_1 + D_1\cos60^\circ = 0$

$\therefore L_1 = L_0 - D_1\cos60^\circ$

$= 5.774 - (-6.928)\cos60^\circ = 9.238 = 9.238tf$(인장)

(iv) 절점 D'에서

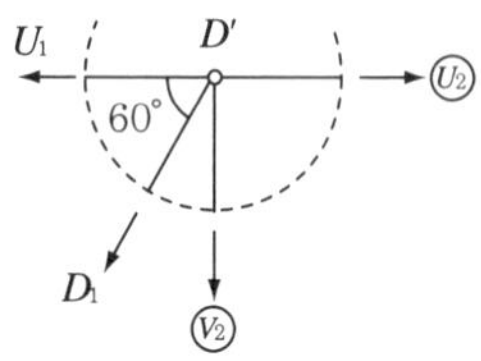

$\sum F_y = 0 : -D_1\sin60^\circ - V_2 = 0$

$\therefore V_2 = -(-6.928)\sin60^\circ = 6tf = 6tf$(인장)

$\sum F_x = 0 : -U_1 - D_1\cos60^\circ + U_2 = 0$

$\therefore U_2 = U_1 + D_1\cos60^\circ$

$= -9.238tf = 9.238tf$(압축)

(v) 절점 D에서

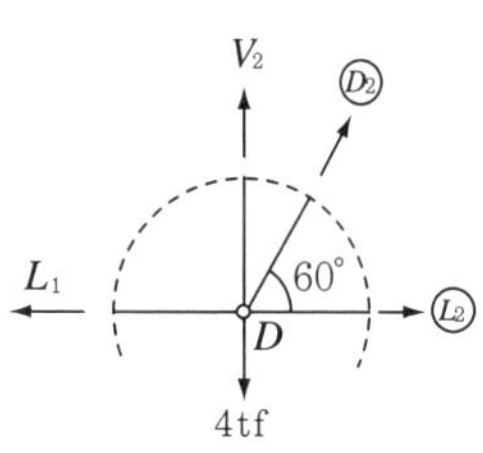

$\sum F_y = 0 : -4 + V_2 + D_2\sin60^\circ = 0$

$\therefore D_1 = \dfrac{(4-V_2)}{\sin60^\circ}$

$= \dfrac{(4-6)}{\sin60^\circ} = -2.309tf = 2.309tf$(압축)

$\sum F_x = 0 : -L_1 + L_2 + D_2\cos60^\circ = 0$

$\therefore L_2 = L_1 - D_2\cos60^\circ = 10.393tf = 10.393tf$(인장)

(vi) 절점 E에서

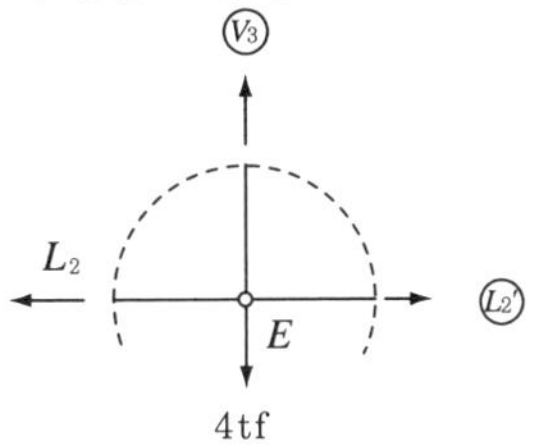

$\sum F_y = 0 : -4 + V_3 = 0$

$\therefore V_3 = 4tf$(인장)

$\sum F_x = 0 : -L_2 + L'_2 = 0$

$\therefore L'_2 = L_2 = 10.393tf$(인장)

(5) 단면법

단면법(method of section)은 부재력을 알고자 하는 부재를 통과하도록 트러스의 단면을 절단하여, 두 부분으로 분리된 어느 한쪽의 자유물체도에 대하여 $\Sigma F_x = 0$, $\Sigma F_y = 0$, $\Sigma M = 0$을 적용시켜 그 부재력을 구하는 방법이다. 단면법은 세 개의 독립적인 평형방정식이 존재하기 때문에 미지의 부재력이 세 개 이하가 되도록 트러스를 절단하여야 한다. 단면법의 장점은 부재력을 구하고 싶은 부재를 절단하여 그 부재력을 바로 구할 수 있고, 부재력을 계산할 때 오는 착오가 다른 부재에 영향을 주지 않는다는 것이다. 단면법에는 전단력법(Culmann의 방법)과 모멘트법(Ritter의 방법)으로 나뉘며, 전단력법은 복부재의 부재력 계산에 편리하고, 모멘트법은 상 · 하현재의 부재력 계산에 편리하다.

1) 전단력법

전단력법은 경사재와 수직재의 부재력 계산에 편리하며, 주로 $\Sigma F_y = 0$의 평형조건을 이용한다. 전단력법에 의한 부재력 계산 순서는 다음과 같다.

① 지점 반력을 구한다.

② 부재력을 알고자 하는 부재를 포함시켜 트러스를 절단한다.

③ 자유물체도를 그린다. 이때 미지의 부재력을 인장으로 가정한다.

④ 평형조건 $\Sigma F_y = 0$를 적용하여 부재력을 구한다.

【예제 3-3】

아래 그림과 같은 트러스의 V_1, D_1부재의 부재력을 단면법으로 구하시오.

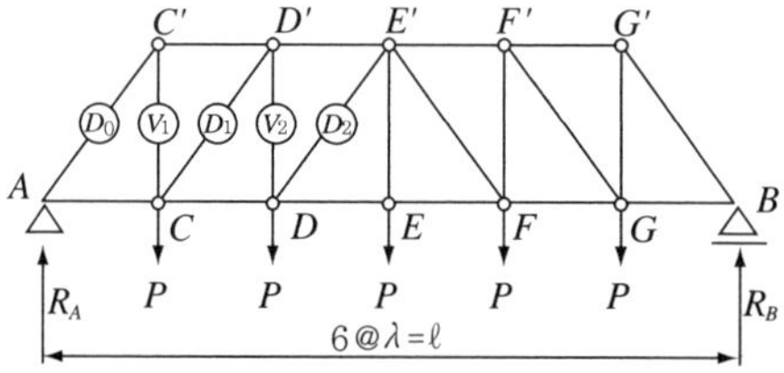

풀이 트러스에 작용하는 외력이 대칭이므로 지점 반력은 외력의 합의 절반이다.

$$R_A = R_B = \frac{1}{2}(5P) = 2.5P$$

(i) V_1의 부재력 계산

V_1부재가 포함되게 절단하여 아래와 같이 자유물체도를 그린다.

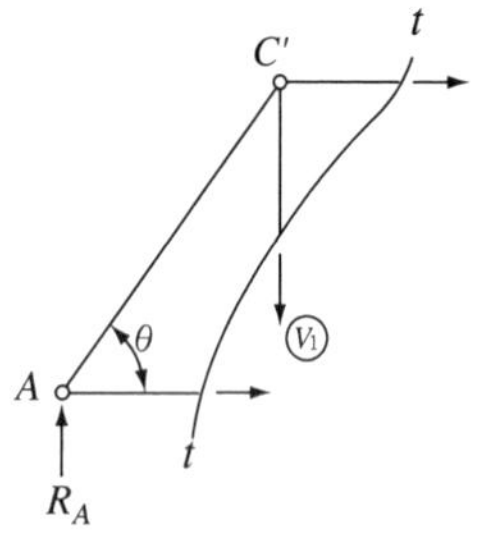

평형조건 $\sum F_y = 0$를 적용하여,

$R_A - V_1 = 0$

$\therefore V_1 = R_A = 2.5P$(인장)

(ii) D_1의 부재력 계산

D_1부재가 포함되게 절단하여 아래와 같이 자유물체도를 그린다.

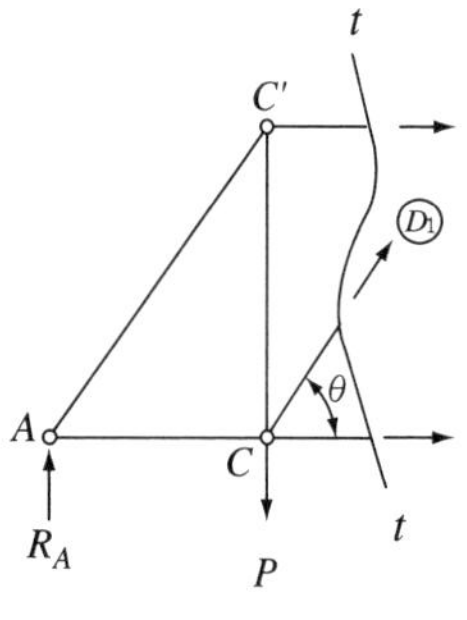

평형조건 $\sum F_y = 0$를 적용하여,

$R_A - P + D_1 \sin\theta = 0$

$$\therefore D_1 = \frac{1}{\sin\theta}(P - R_A)$$

$$= \frac{1}{\sin\theta}(P - 2.5P) = -\frac{1.5P}{\sin\theta} = \frac{1.5P}{\sin\theta}(\text{압축})$$

답 $V_1 = 2.5P$(인장), $D_1 = \dfrac{1.5P}{\sin\theta}$(압축)

2) 모멘트법

모멘트법은 ΣM = 0의 평형조건을 이용하여 부재력을 구하는 방법이며, 상현재와 하현재의 부재력 계산에 편리하다. 모멘트법에 의한 부재력 계산 순서는 다음과 같다.

① 지점 반력을 구한다.

② 부재력을 알고자 하는 부재를 포함시켜 트러스를 절단한다.

③ 자유물체도를 그린다. 이때 미지의 부재력을 인장으로 가정한다.

④ 평형조건 ΣM = 0을 적용하여 부재력을 구한다.

【예제 3-4】

예제 3-2에서 보인 아래 그림과 같은 하우 트러스의 L_1부재의 부재력을 단면법으로 구하시오.

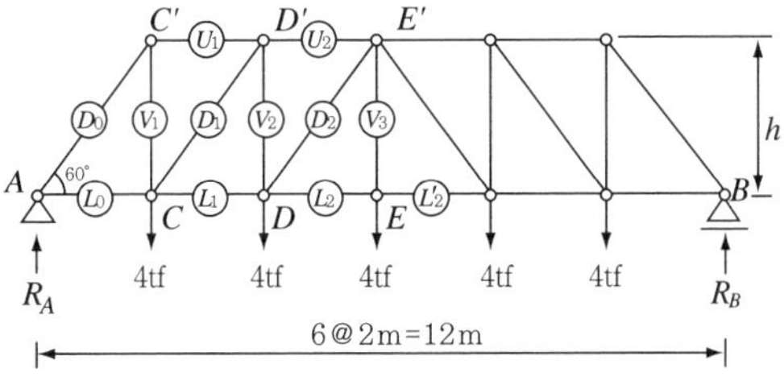

풀이 트러스에 작용하는 외력이 대칭이므로 지점 반력은 외력의 절반이다.

$$R_A = R_B = \frac{1}{2}(4\text{tf} \times 5) = 10\text{tf}$$

트러스의 높이 h=(2m)tan60° = 3.464m이다.

L_1부재가 포함되게 옆 그림과 같이 절단하여 자유물체도를 그린다.

D' 점에서 ΣM = 0를 적용하면,

$(10\text{tf} \times 4\text{m}) - (4\text{tf} \times 2\text{m}) - (L_1 \times 3.464\text{m}) = 0$

$$\therefore L_1 = \frac{(10\text{tf} \times 4\text{m}) - (4\text{tf} \times 2\text{m})}{3.464\text{m}} = 9.24\text{tf(인장)}$$

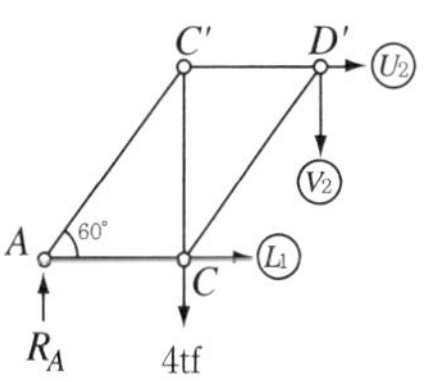

답 L_1 = 9.24tf(인장)

(6) 무부하 부재

트러스의 부재중에 어떤 부재는 주어진 하중하에서 전혀 힘이 작용하지 않는다. 이러한 부재를 무부하 부재(zero-force member)라고 한다. 그러나 하중조건이 바뀌면 이 부재는 무부하 부재가 아닐 수도 있다.

주어진 하중하에서 무부하 부재는 평형조건 $\sum F_x = 0$, $\sum F_y = 0$와 $x-y$좌표의 회전을 고려하면 쉽게 판별할 수 있다. 즉, 무부하 부재를 쉽게 판별할 수 있는 다음과 같은 두 가지 경우가 있다.

경우 1. 세 개의 부재로 이루어진 하중이 작용하지 않은 절점에 두 개의 부재가 일직선상에 있으면, 나머지 한 부재는 무부하 부재이다.

경우 2. 두 개의 부재로 이루어진 하중이 작용하지 않은 절점에 두 개의 부재가 일직선상에 있지 않으면, 두 개의 부재가 모두 무부하 부재이다.

【예제 3-5】
아래 그림과 같은 트러스에서 무부하 부재를 판별하시오.

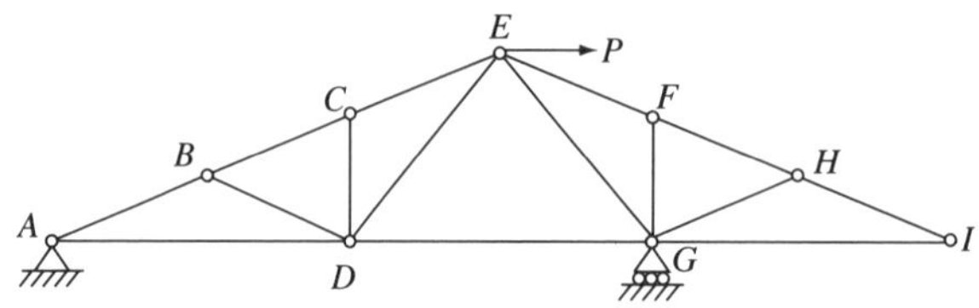

풀이 각 절점에서 앞에서 설명한 경우 1과 경우 2의 상태를 고려하면 무부하 부재를 검사할 수 있다.

답

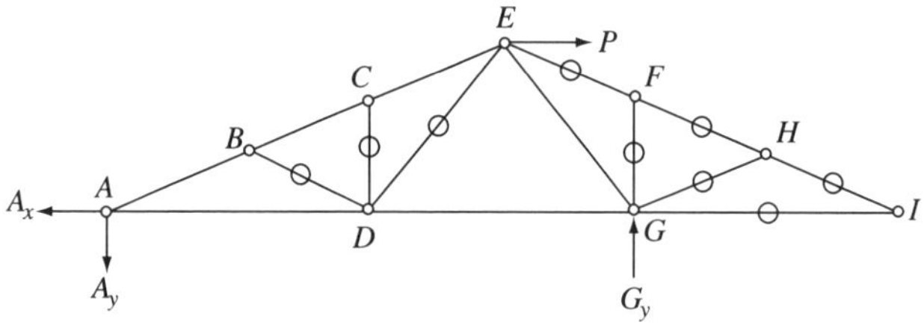

연습문제

1. 아래 그림과 같은 형태의 트러스를 무슨 트러스라 부르는가?

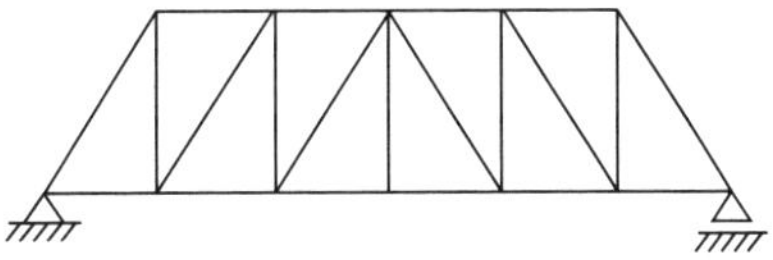

답 하우 트러스

2. 평면 트러스 해석 방법에 있어서의 가정 중 옳지 않은 것은?
   ㉮ 모든 외력은 절점에만 작용한다.
   ㉯ 각 부재는 회전하지 못하도록 강결되어 있다.
   ㉰ 각 부재는 직선이며, 절점의 중심을 이은 직선은 부재의 축과 일치한다.
   ㉱ 모든 외력의 작용선은 트러스를 품는 평면 내에 있다.

답 ㉯

3. 아래 그림과 같은 트러스에 사하중(死荷重)이 작용할 때, 경사부재 A와 B는 각각 어떤 종류의 내력이 생기는가?

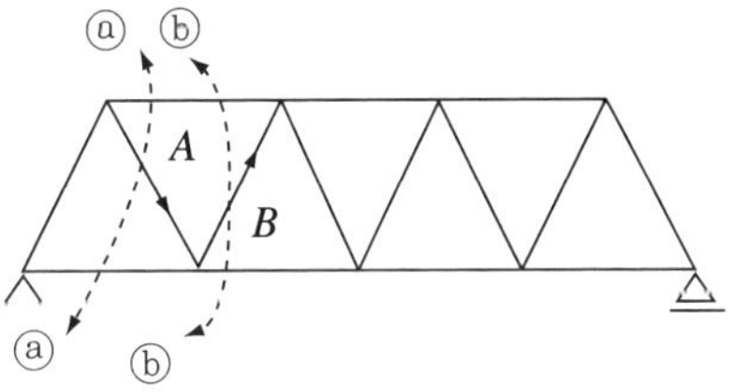

풀이

답 A부재(축방향 인장력), B부재(축방향 압축력)

4. 그림과 같은 트러스에서 부재력이 0인 부재는?

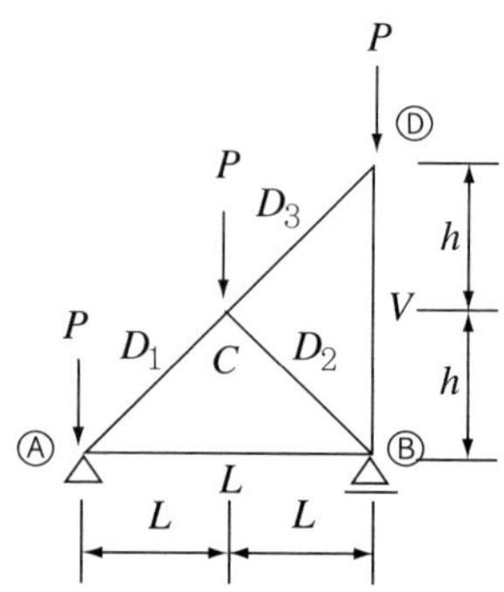

풀이

답 D_3

5. 트러스 부재중에서 부재력이 "0"인 부재를 무부하 부재라 하는데, 무부하 부재를 넣는 이유는 무엇인가?

㉮ 역학적 의미가 있어 넣는다.

㉯ 미관상, 균형상 넣는다.

㉰ 중심을 표시하기 위하여 넣는다.

㉱ 관례적으로 넣는다.

답 ㉮

6. 그림과 같은 트러스의 부재 A, B, C 및 D중에서 부재력이 0인 것은?

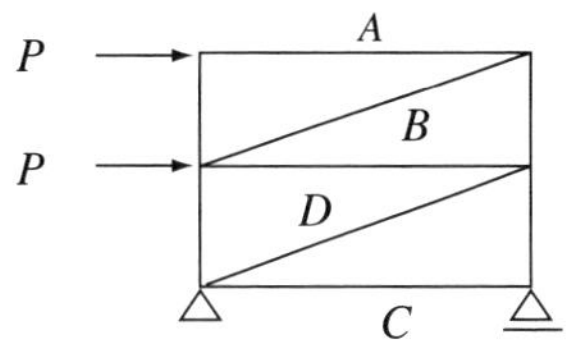

풀이

답 C부재

7. 그림의 트러스에서 부재 CD의 부재력은 얼마인가?

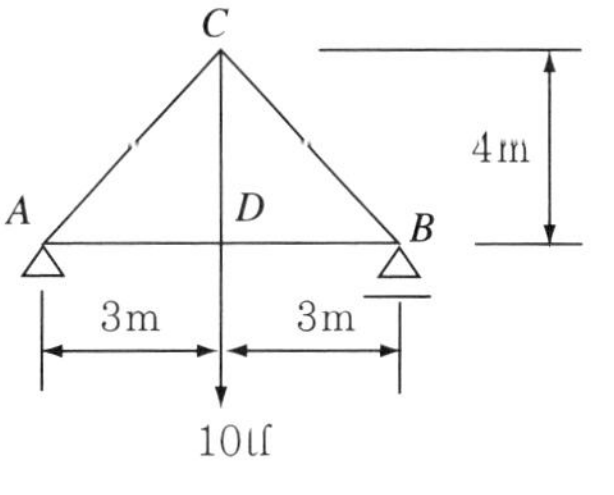

풀이

답 10tf(인장)

8. 그림의 트러스에서 DE의 부재력은 얼마인가?

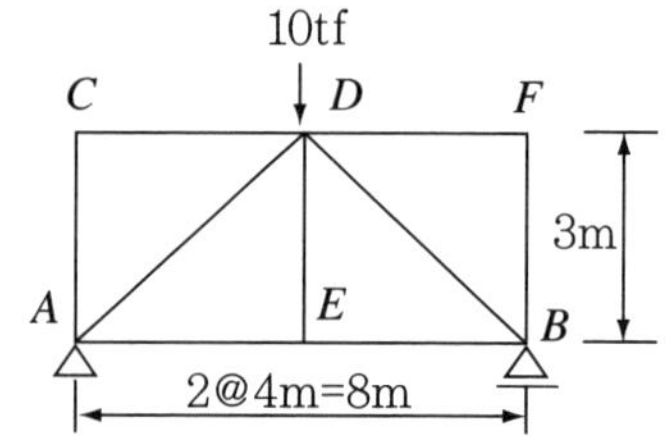

풀이

답 0

9. 그림과 같은 트러스 수직재 S부재의 부재력은?

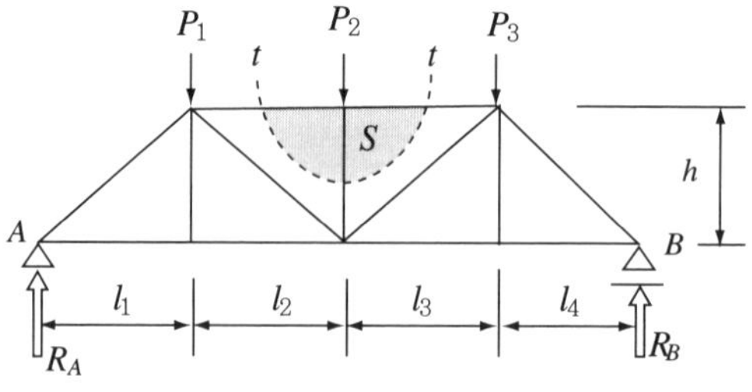

풀이

답 P_2(압축)

10. 다음 트러스에서 CB부재의 부재력은?

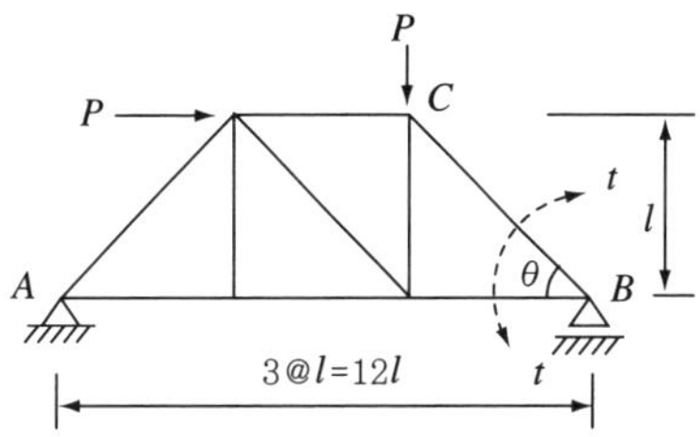

풀이

답 1.414P(압축)

11. 다음 트러스에서 AF부재의 부재력은 얼마인가?

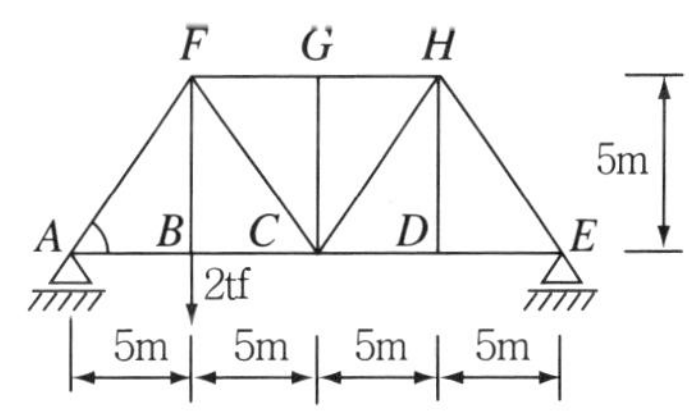

풀이

답 1.12tf(압축)

12. 다음 트러스에서 상현재 U_1의 부재력은?

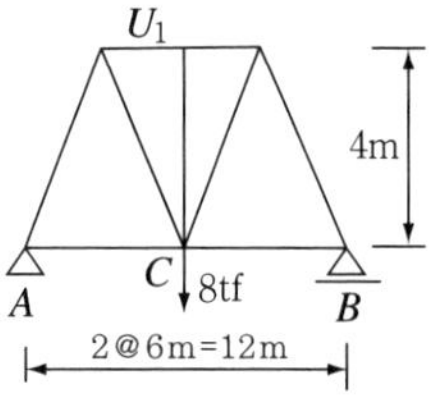

풀이

답 6tf(압축)

13. 옆 그림과 같은 트러스의 절점 C에 작용하는 수평력 P로 인하여 부재 DF에 생기는 부재력은?

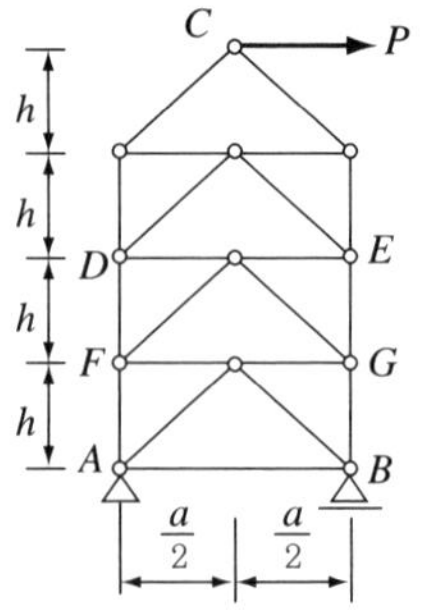

풀이

답 $\frac{2Ph}{a}$(인장)

14. 다음 트러스에서 상현재 L부재의 부재력은?

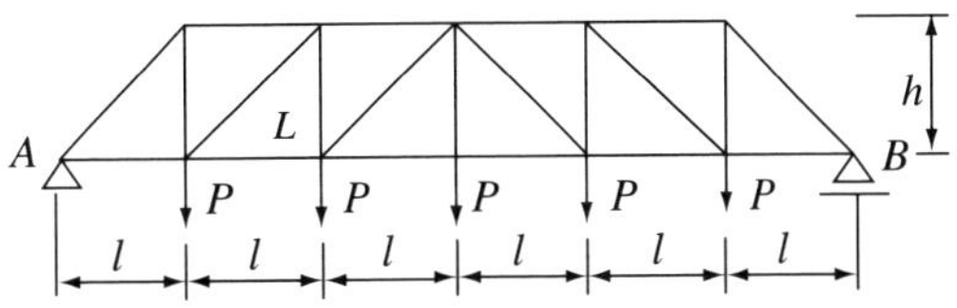

풀이

답 $\frac{4Pl}{h}$ (인장)

15. 다음 트러스에서 U_1부재의 부재력은?

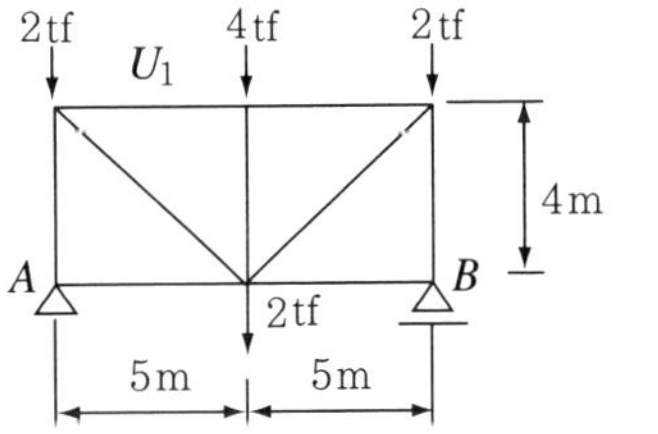

풀이

답 3.75tf(압축)

16. 정삼각형 트러스에서 B점에 수평하중 P가 작용할 경우 AC 부재의 부재력은?

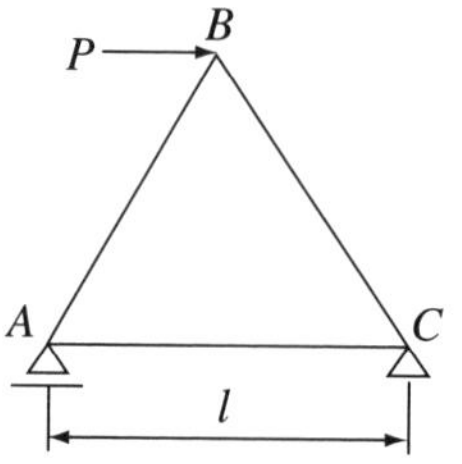

풀이

답 P/2(압축)

17. 그림과 같은 트러스의 부재 U의 부재력은?

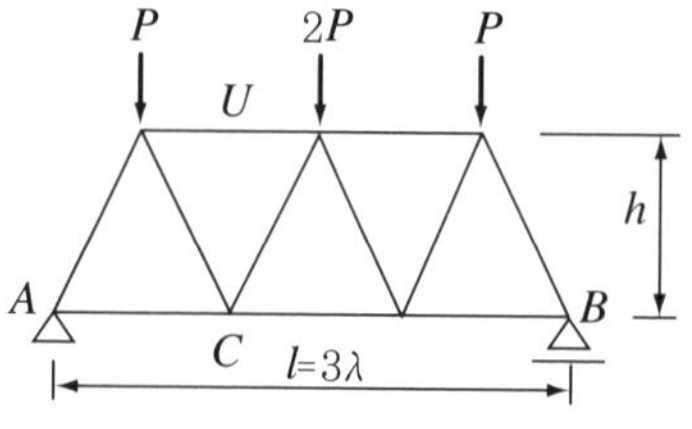

풀이

답 $\frac{3\lambda}{2h}P$(압축)

18. 그림과 같은 트러스에서 DE부재의 부재력은?

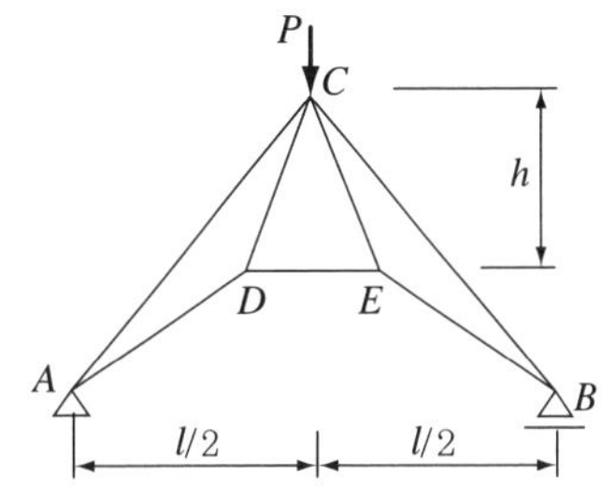

풀이

답 $\dfrac{Pl}{4h}$(인장)

19. 다음 그림과 같은 트러스에서 힌지 지점의 수직 반력의 크기는?

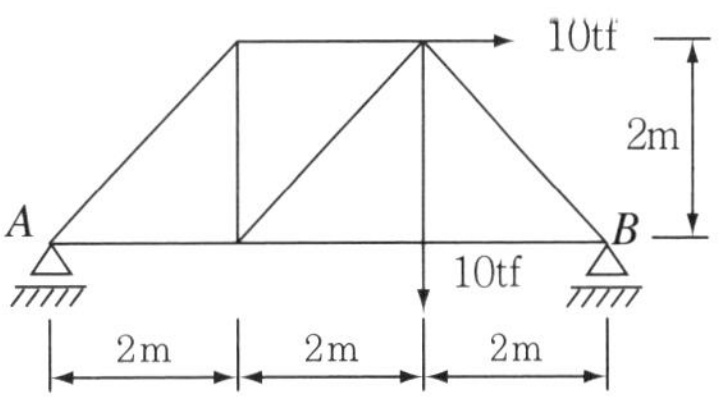

풀이

답 0

20. 그림과 같은 정정 트러스에서 하현재 L의 부재력은?

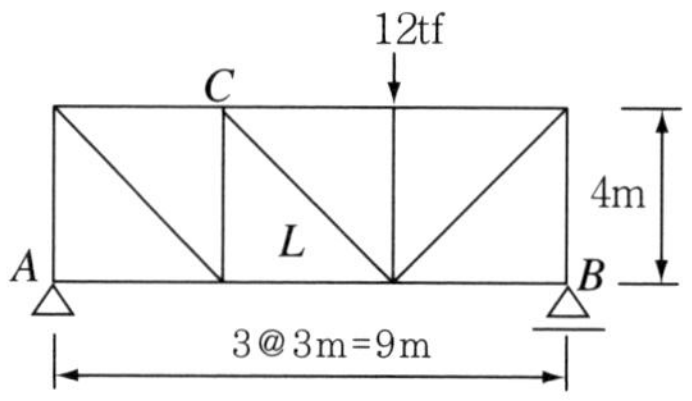

풀이

답 3tf(인장)

21. 그림과 같은 트러스에서 U_1부재의 부재력은?

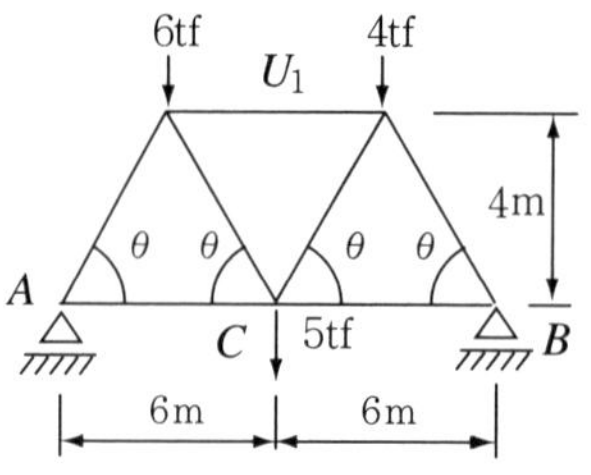

풀이

답 7.5tf(압축)

22. 그림과 같은 트러스에 있어서 상현재 U의 부재력은?

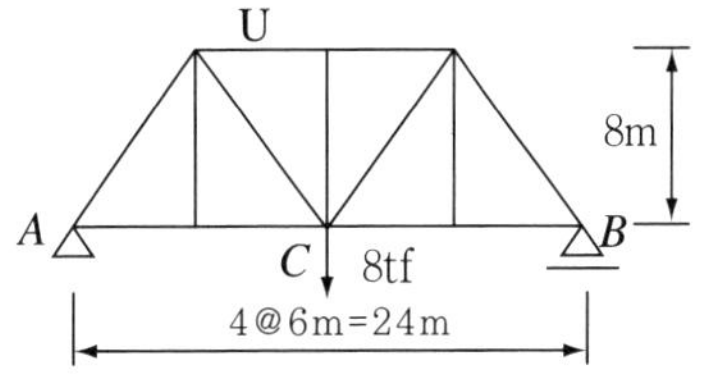

풀이

답 6tf(압축)

23. 다음 트러스의 부재 수직재 V_2의 부재력은?

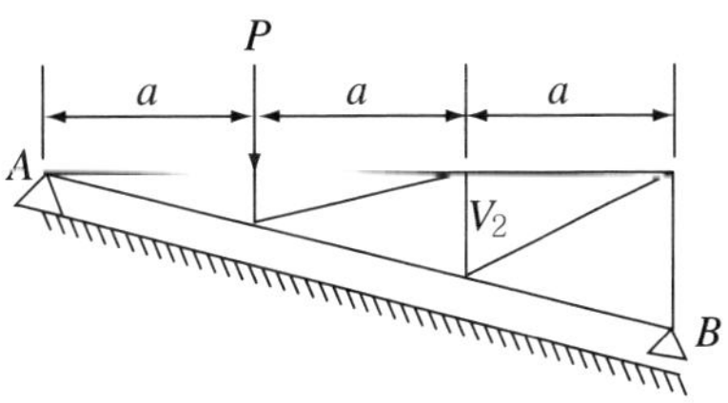

풀이

답 0.5P(압축)

24. 다음 트러스에서 U부재의 부재력은?

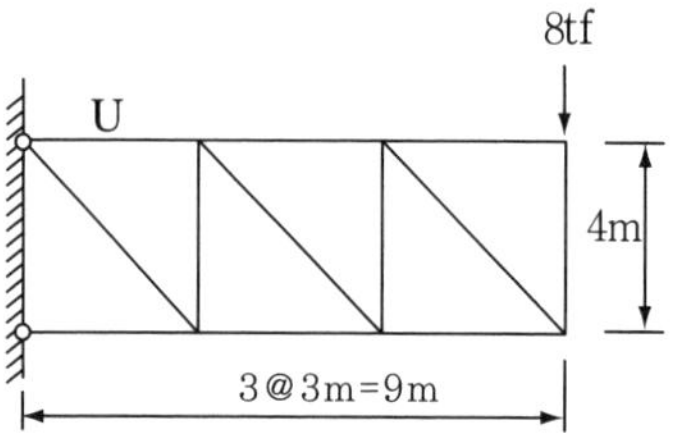

풀이

답 12tf(인장)

25. 주어진 트러스에서 DE부재의 부재력은?

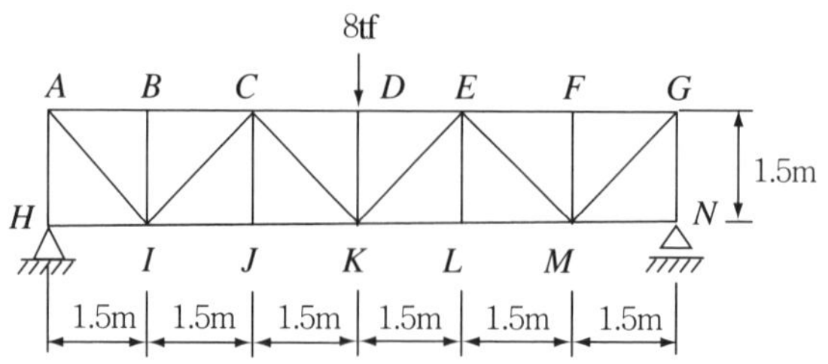

풀이

답 12tf(압축)

26. 그림의 트러스에서 부재 U의 부재력은?

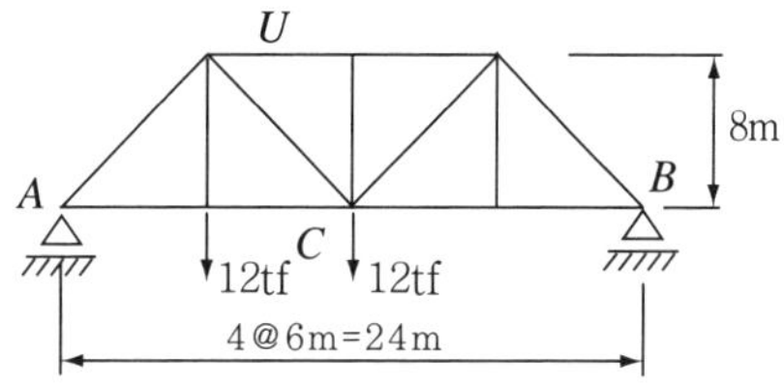

풀이

답 13.5tf(압축)

27. 다음 트러스에서 상현재 U의 부재력은?

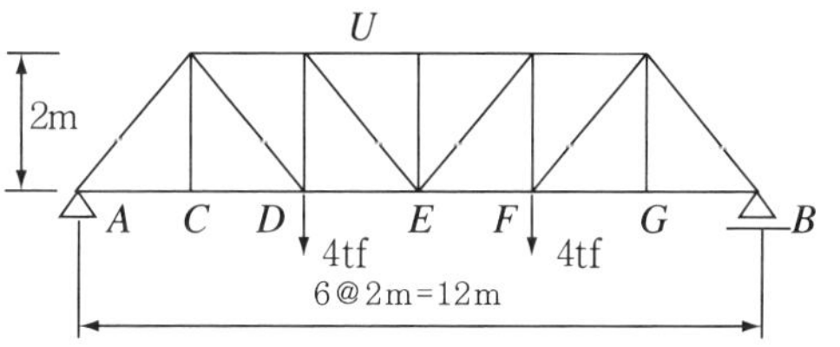

풀이

답 8tf(압축)

28. 그림과 같은 트러스에 수직하중 3tf이 작용했을 때 하현재 L_2의 부재력은?

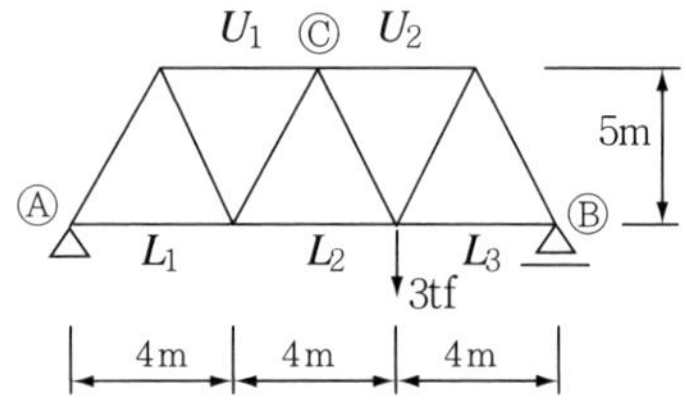

풀이

답 1.2tf(인장)

29. 다음 트러스에서 U_1부재의 부재력은?

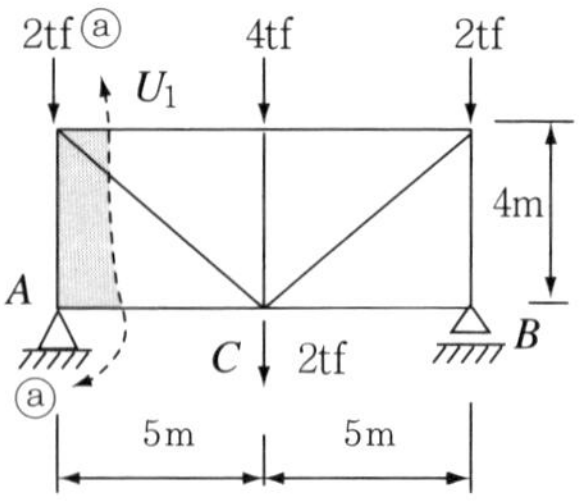

풀이

답 3.75tf(압축)

30. 그림과 같은 트러스의 상현재 U의 부재력은?

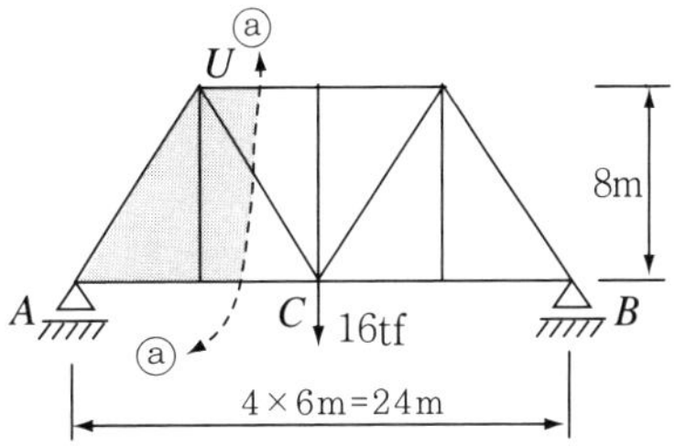

풀이

답 12tf(압축)

31. 그림과 같은 트러스의 부재 AD, AB의 부재력은?

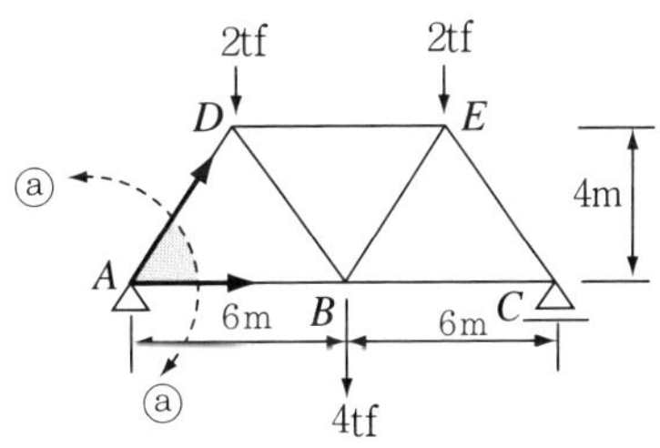

풀이

답 AD부재(5tf, 압축), AB부재(3tf, 인장)

32. 그림과 같은 트러스에 있어서 부재 D의 부재력은?

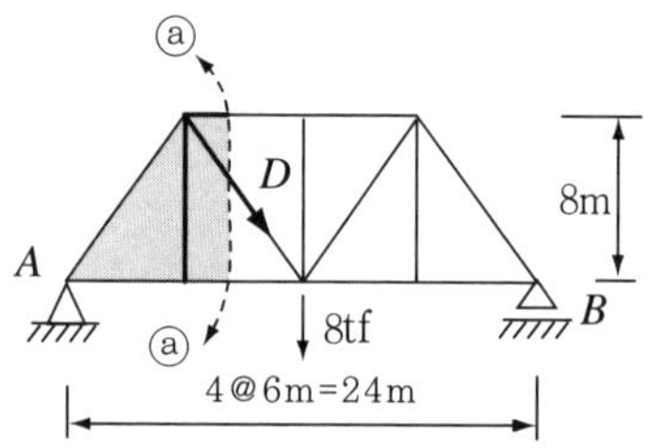

풀이

답 5tf(인장)

33. 다음 그림의 트러스에서 D_1, D_2부재의 부재력은?

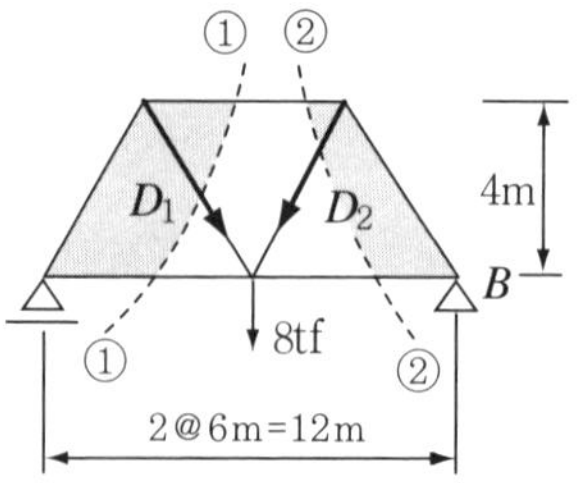

풀이

답 D_1부재=D_2부재(5tf, 인장)

34. 다음 하우 트러스에서 부재 V_2의 부재력은?

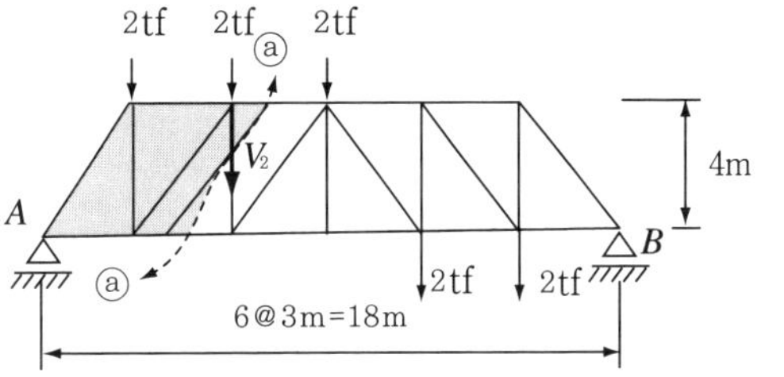

풀이

답 5tf(인장)

35. 그림의 트러스에서 부재 D의 부재력은?

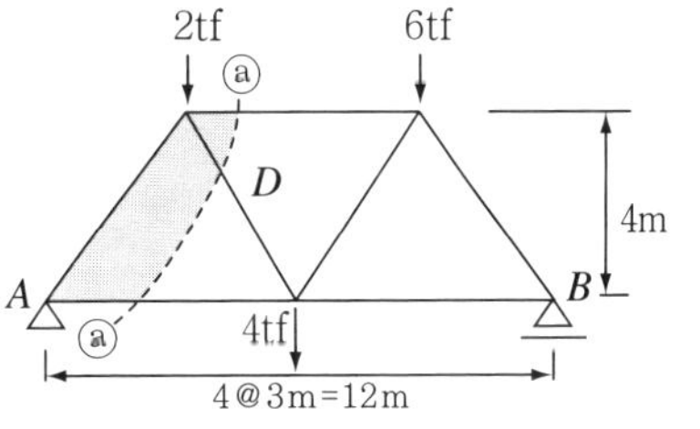

풀이

답 3.75tf(인장)

36. 그림과 같은 트러스에서 AC의 부재력은?

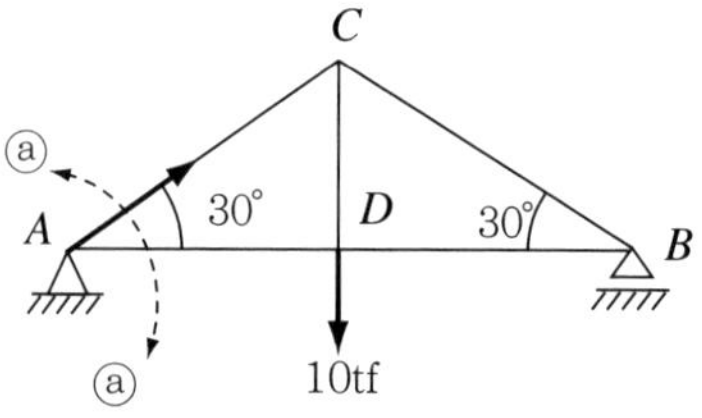

풀이

답 10tf(압축)

37. 그림에서와 같은 트러스에서 부재 B의 부재력은?

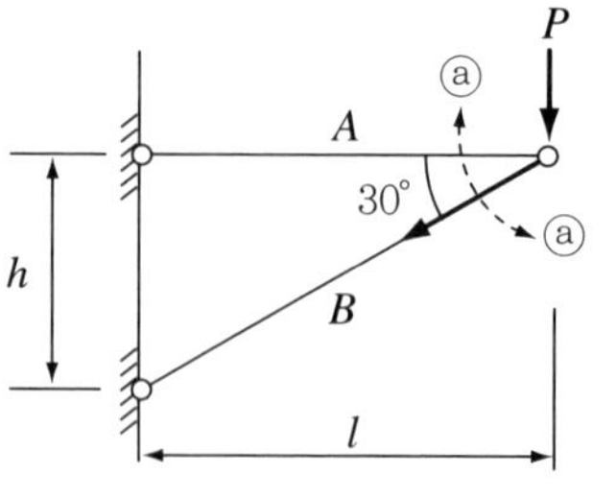

풀이

답 $\dfrac{P}{\cos 60^\circ}$ (압축)

38. 다음 트러스의 부정정 차수는?

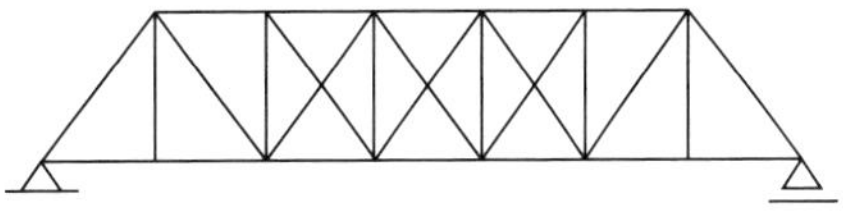

풀이

답 내적 3차

chapter 04 단면의 성질

chapter 04 | 단면의 성질

4-1 단면 1차 모멘트

(1) 물체의 중심과 도심

물체는 각 질점들로 이루어져 있으며, 각 질점은 지구의 만유인력에 의해 무게를 갖게 된다. 여기서 각 질점의 무게는 지구의 중심을 향하므로 서로 평행하다고 할 수 있다. 따라서 모든 질점의 무게의 합이 그 물체의 무게이다. 물체의 무게는 물체의 방향에 상관없이 일정한 점을 통과하여 작용한다. 이 점을 중심(center of gravity)이라고 한다.

도심(centroid)은 부피나 면적의 기하학적 중심을 말한다. 따라서 균질인 물체는 중심과 도심이 일치한다. 그러나 철근콘크리트처럼 두 개의 재료로 구성된 합성물체 또는 여러 재료로 이루어진 합성물체와 같이 비균질인 물체는 중심과 도심이 일치하지 않는다.

물체의 중심을 해석적으로 구하는 방법을 설명하기 위하여 그림 4.1에 한 물체를 보였다. 그림 4.1(a)에 보인 물체는 많은 미소 질점으로 이루어져 있으며, 각 질점의 무게는 수직으로 아랫방향으로 작용한다. 질점의 무게를 ΔW라 하면, 물체의 무게 W는 모든 질점의 무게의 합이므로 $W = \sum \Delta W$이다. 물체의 전체 무게 W는 그림 4.1(b)와 같이 물체의 중심 G에 작용한다. G에 작용하는 무게 W는 물체 전체에 분포된 무게와 동일해야 한다. 따라서 임의의 점에 대한 W의 모멘트는 그 점에 대한 각 질점의 무게의 모멘트의 합과 같아야 하므로, 물체의 중심 G의 좌표를 $(\bar{x}, \bar{y}, \bar{z})$라 하면 다음이 성립한다.

$$\bar{x}W = \sum x\Delta W,\ \bar{y}W = \sum y\Delta W,\ \bar{z}W = \sum z\Delta W$$

따라서, 물체의 중심을 구하기 위한 식은 다음과 같다.

$$\bar{x} = \frac{\sum x \Lambda W}{\sum \Delta W},\quad \bar{y} = \frac{\sum y \Lambda W}{\sum \Delta W},\quad \bar{z} = \frac{\sum z \Delta W}{\sum \Delta W} \qquad (4-1)$$

체적의 도심은 체적의 기하학적 중심이므로, 단위체적당 무게가 일정한 균질인 물체의 도심과 중심은 일치한다. 균질한 물체의 단위체적당 무게를 γ라 하면, 물체 전체의 무게는 $W = \gamma V$, 질점의 무게는 $\Delta W = \gamma \Delta V$이다. 따라서 이 식을 식 (4-1)에 대입하면 체적의 도심을 구하기 위한 식은 다음과 같다.

$$\bar{x} = \frac{\sum x \Delta V}{\sum \Delta V},\quad \bar{y} = \frac{\sum y \Delta V}{\sum \Delta V},\quad \bar{z} = \frac{\sum z \Delta V}{\sum \Delta V} \qquad (4-2)$$

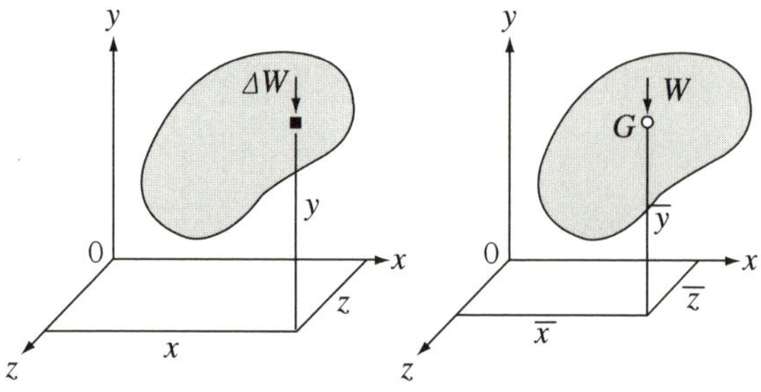

그림 4.1 물체의 중심

(2) 면적의 도심과 단면 1차 모멘트

면적의 도심은 면적의 기하학적 중심이다. 면적의 도심의 좌표 $\bar{x}$, $\bar{y}$를 체적의 도심을 구하는 식 (4-2)로부터 구하여 보도록 하자. 면적은 두께(t)가 t=1로 일정한 판과 같다. 따라서 판의 체적은 표면적(A)과 두께(t)의 곱이므로, 식 (4-2)에 $V=At=A$, $\Delta V=t\Delta A=\Delta A$를 대입하면 면적의 도심을 구하는 식은 다음과 같다.

$$\bar{x}=\frac{\sum x\Delta A}{\sum \Delta A}, \quad \bar{y}=\frac{\sum y\Delta A}{\sum \Delta A} \tag{4-3}$$

식 (4-3)의 $\sum x\Delta A$, $\sum y\Delta A$는 각각 y축과 x축에 대한 단면 1차 모멘트(geometrical moment of area)라 한다. 즉, x축에 대한 단면 1차 모멘트를 Q_x, y축에 대한 단면 1차 모멘트를 Q_y로 표시하면, 이들은 다음 식과 같다.

$$Q_x = \sum y \Delta A,\ Q_y = \sum x \Delta A \qquad (4-4)$$

단면 1차 모멘트는 (면적×거리)의 합이므로 단위는 cm^3, m^3 등과 같이 길이 단위의 세제곱이다.

단면 1차 모멘트는 앞으로 면적의 도심을 구할 때 사용한다. 일반적인 모양의 여러 가지 면적의 도심을 단면 1차 모멘트를 사용하여 미리 계산하여 그림 4.2에 정리하였다.

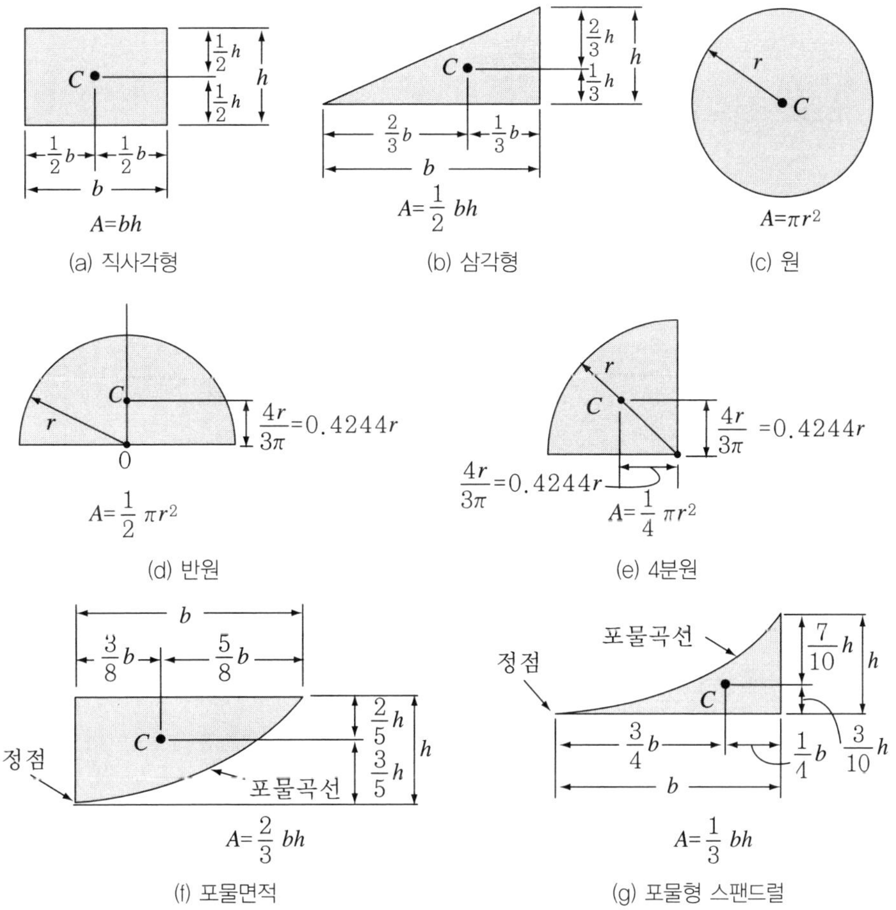

그림 4.2 일반적인 모양의 면적의 도심

(3) 합성면적의 도심

그림 4.3에 보인 면적은 직사각형, 삼각형 및 반원으로 이루어져 있다. 이와 같이 간단한 모양의 면적들로 이루어진 면적을 합성면적(composite area)라고 한다. 합성면적의 도심은 전체 면적을 그림 4.2에 보인 일반적인 간단한 모양의 면적으로 나누어서 쉽게 구할 수 있다. 예를 들면, 그림 4.3의 면적을 A_1, A_2, A_3 및 A_4로 나누어서 각 면적의 도심의 좌표 (x_1, y_1), (x_2, y_2), (x_3, y_3), (x_4, y_4) 를 그림 4.2를 이용하여 구한 후 다음의 식으로 합성면적의 도심 C의 좌표 ($\bar{x}$, $\bar{y}$)를 구한다.

$$\bar{x} = \frac{\sum Ax}{\sum A} = \frac{A_1x_1+A_2x_2+A_3x_3+A_4x_4}{A_1+A_2+A_3+A_4}$$
$$\bar{y} = \frac{\sum Ay}{\sum A} = \frac{A_1y_1+A_2y_2+A_3y_3+A_4y_4}{A_1+A_2+A_3+A_4} \quad (4\text{-}5)$$

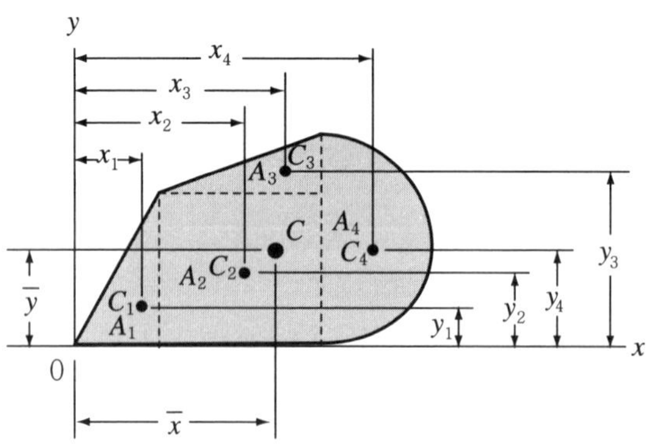

그림 4.3 합성면적의 도심

【예제 4-1】

아래 그림(a)의 면적에 대하여 x축에 대한 단면 1차 모멘트와 그림(b)의 면적에 대하여 도심축인 X축에 대한 단면 1차 모멘트를 구하시오.

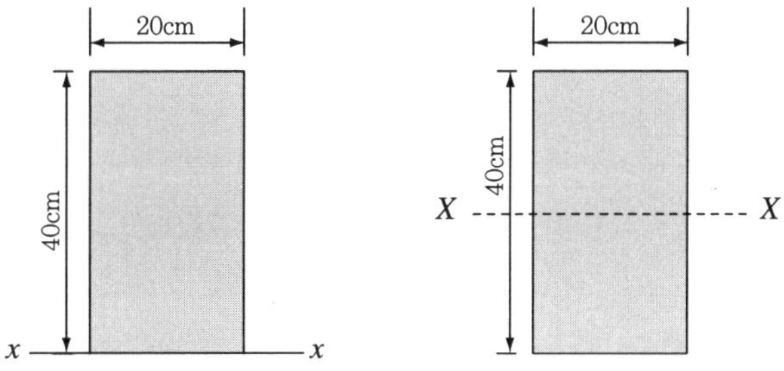

(a) (b)

풀이 그림 (a)에 대하여

단면적 A=20(40)=800(cm^2)

x축으로부터 면적의 도심까지의 거리 y=20cm

따라서, x축에 대한 단면 1차 모멘트는

$$Q_x = Ay = (800\text{cm}^2)(20\text{cm}) = 16000\text{cm}^3$$

그림 (b)에 대하여

단면적 A=20(40)=800(cm^2)

X축으로부터 면적의 도심까지의 거리 y=0

따라서, X축에 대한 단면 1차 모멘트는

$$Q_X = Ay = (800\text{cm}^2) = 0$$

※ 성리 : 도심축에 대한 단면 1차 모멘트는 0이다.

답 (a) Q_x = 16000cm^3, (b) Q_X = 0

【예제 4-2】

아래 그림의 면적에 대하여 x축에 대한 단면 1차 모멘트를 구하시오.

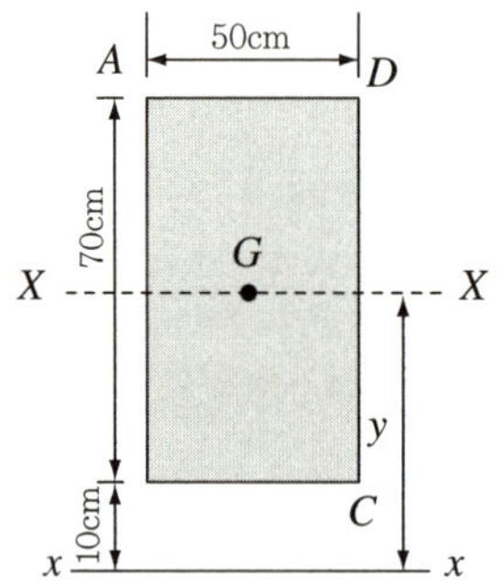

풀이 단면적 A=50(70)=3500(cm²)

x축으로부터 면적의 도심까지의 거리 $y=10+\dfrac{70}{2}=45(\text{cm})$

따라서, x축에 대한 단면 1차 모멘트는

$$Q_x = Ay = (3500\text{cm}^2)(45\text{cm}) = 157500\text{cm}^3$$

답 $Q_x = 157500\text{cm}^3$

【예제 4-3】

아래 그림에 보인 합성면적의 도심을 구하시오.(단위 : cm)

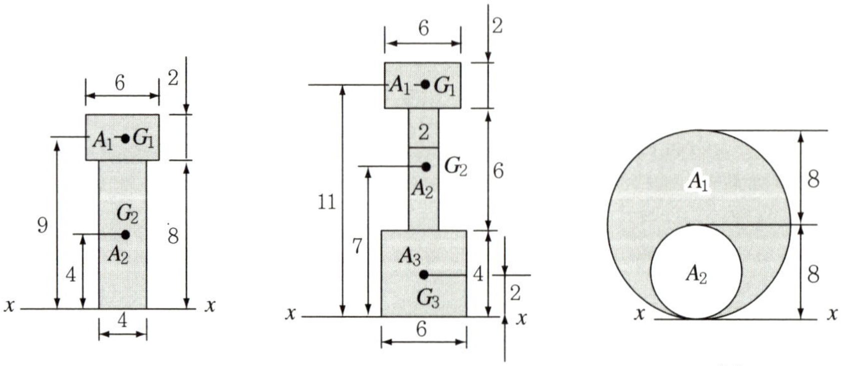

(a) (b) (c)

풀이 합성면적을 간단한 면적들로 나누고, 각 면적의 단면적과 x축으로부터 각 면적의 도심까지의 거리를 구한 후 식 (4-5)를 이용하여 도심을 구한다.

그림 (a)에 대하여

단면적 $A_1=6(2)=12(cm^2)$

$A_2=4(8)=32(cm^2)$

x축으로부터 각 면적의 도심까지의 거리 $y_1=9cm$

$y_2=4cm$

따라서, 도심의 위치는

$$\bar{y}=\frac{\sum Ay}{\sum A}=\frac{A_1y_1+A_2y_2}{A_1+A_2}=\frac{12(9)+32(4)}{12+32}=5.4(cm)$$

그림 (b)에 대하여

단면적 $A_1=6(2)=12(cm^2)$

$A_2=2(6)=12(cm^2)$

$A_3=6(4)=24(cm^2)$

x축으로부터 각 면적의 도심까지의 거리 $y_1=11cm$

$y_2=7cm$

$y_3=2cm$

따라서, 도심의 위치는

$$\bar{y}=\frac{\sum Ay}{\sum A}=\frac{A_1y_1+A_2y_2+A_3y_3}{A_1+A_2+A_3}$$

$$=\frac{12(11)+12(7)+24(2)}{12+12+24}=5.5(cm)$$

그림 (c)에 대하여

단면적 $A_1=\frac{\pi(16)^2}{4}=200.96(cm^2)$

$A_2=\frac{\pi(8)^2}{4}=50.24(cm^2)$

x축으로부터 각 면적의 도심까지의 거리 $y_1=8cm$

$y_2=4cm$

따라서, 도심의 위치는

$$\bar{y} = \frac{\sum Ay}{\sum A} = \frac{A_1y_1 - A_2y_2}{A_1 - A_2} = \frac{200.96(8) - 50.24(4)}{200.96-50.24} = 9.3(\text{cm})$$

답 (a) $\bar{y}$ = 5.4cm, (b) $\bar{y}$ = 5.5cm, (c) $\bar{y}$ = 9.3cm

4-2 면적의 관성모멘트

(1) 관성모멘트

면적의 관성모멘트 크기는 임의의 축에 대한 면적의 분포에 크게 좌우됩니다.

이와같이 같은 단면적을 가지는 부재라 할 지라도 그 단면의 형상에 따라 보의 응력과 처짐, 축의 비틀림 및 기둥의 좌굴과 같은 부재의 세기 등의 성질이 다르답니다.

따라서 같은 단면적이라면 부재의 세기가 큰 단면형상을 갖도록 해야겠지요.

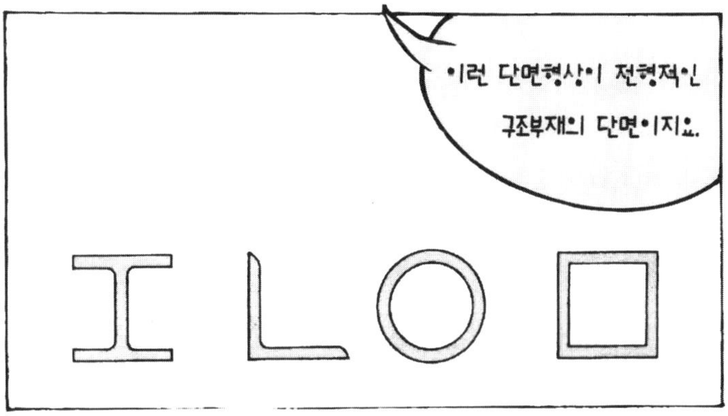
이런 단면형상이 전형적인 구조부재의 단면이지요.

같은 단면적을 가지는 부재라 할지라도 그 단면의 형상에 따라 부재의 세기 등의 성질 즉, 보의 응력과 처짐, 축의 비틀림 및 기둥의 좌굴 등이 다르다. 이것은 단면적이 같다 하더라도 단면의 형상이 다르면 면적의 관성모멘트가 다르기 때문이다. 면적의 관성모멘트는 임의의 축에 대하여 산정하며, 그 크기는 임의의 축에 대한 면적의 분포에 크게 좌우된다.

임의의 축에 대한 면적의 관성모멘트는 그 축에 대한 단면 2차 모멘트(geometrical moment of inertia)이다. 그림 4.4와 같이 $x-y$평면상의 면적에서 면적요소 ΔA의 x축과 y축에 대한 단면 2차 모멘트는 각각 $\Delta I_x=y^2\Delta A$, $\Delta I_y=x^2\Delta A$이다. 전체 면적 A의 x축과 y축에 대한 단면 2차 모멘트는 다음과 같다.

$$I_x=\sum y^2\Delta A,\ I_y=\sum x^2\Delta A \tag{4-6}$$

단면 2차 모멘트는 (면적×거리의 제곱)의 형태이므로 단위는 cm^4, m^{4}과 같이 길이의 네제곱이다.

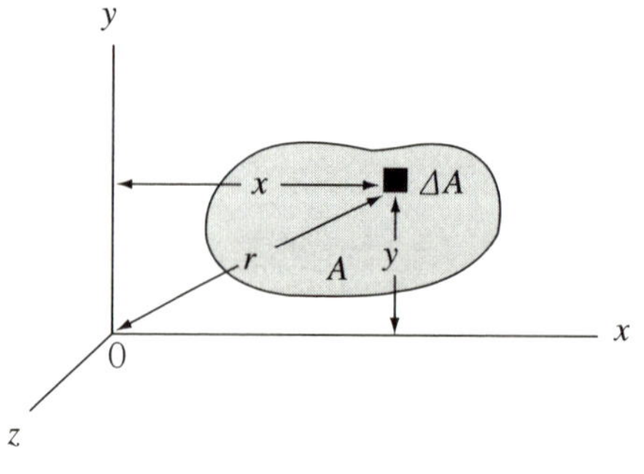

그림 4.4 면적의 관성모멘트

그림 4.4에서 극점 O에 대한 면적 A의 2차 모멘트를 정의할 수 있다. 이를 극관성모멘트(polar moment of inertia)라고 한다. 면적요소 ΔA의 극점 O에 대한 극관성모멘트는 $\Delta J_0=r^2\Delta A$이며, r은 극점 O와 ΔA간의 거리이다. 전체 면적 A의 극점 O에 대한 극관성모멘트는 다음과 같다.

$$J_0 = \sum r^2 \Delta A \qquad (4\text{-}7)$$

또 $r^2 = x^2 + y^2$이므로

$$J_0 = \sum r^2 \Delta A = \sum (x^2+y^2) \Delta A = \sum x^2 \Delta A + \sum y^2 \Delta A$$

따라서, 일반적으로

$$J_0 = I_x + I_y \qquad (4\text{-}8)$$

임의의 형상을 가지는 그림 4.5의 면적에 대하여 도심축 $X-X$에 대한 단면 2차 모멘트 I_X와 도심으로부터 연단까지의 거리 y_1, y_2는 단면의 기하학적 특성값이며, 주어진 단면에서 일정한 상수값을 갖게 된다. 따라서 I_X/y_1과 I_X/y_2의 값도 기하학적 특성값이며, 일정한 상수값이 된다. 이 I_X/y_1과 I_X/y_2를 단면계수(section modulus)라고 하며, Z로 표시한다. 즉,

$$Z_1 = \frac{I_X}{y_1},\ Z_2 = \frac{I_X}{y_2} \qquad (4\text{-}9)$$

단면계수의 단위는 길이의 세제곱인 cm^3, m^3 등으로 표시한다.

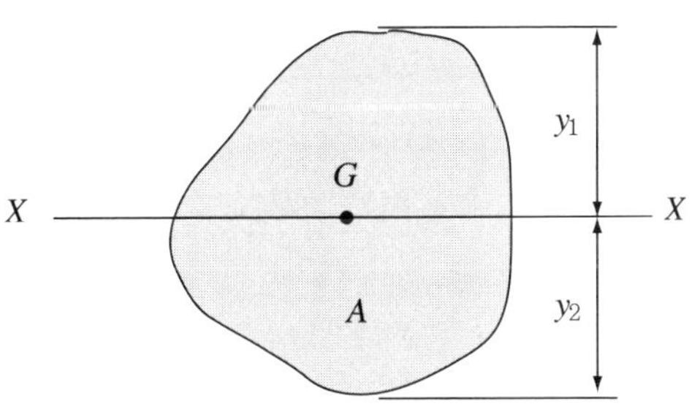

그림 4.5 임의 형상의 단면

(2) 회전반지름

면적을 이루고 있는 모든 면적요소가 임의의 축으로부터 일정한 거리에 위치한다고 가정하여 구한 단면 2차 모멘트와 그 축에 대한 실제 단면 2차 모멘트가 동일한 값이 되도록 거리를 정할

수 있다. 이 거리가 임의의 축에 대한 면적의 회전반지름(radius of gyration)이다 이 정의에 따르면, x축에 대한 회전반지름 r_x와 y축에 대한 회전반지름 r_y는 다음과 같다.

$$I_x = Ar^2_x \text{또는 } r_x = \sqrt{\frac{I_x}{A}}$$

$$I_y = Ar^2_y \text{또는 } r_y = \sqrt{\frac{I_y}{A}} \qquad (4\text{-}10)$$

일반적인 형상의 간단한 면적의 성질 즉, 단면 2차 모멘트, 극관성모멘트 및 회전반지름을 표 4.1에 정리하였다.

(3) 평행축 정리

임의의 형상을 가진 그림 4.6에 보인 면적의 비도심축인 x축에 대한 단면 2차 모멘트 I_x는 x축과 평행한 도심축인 $\bar{x}$ 축에 대한 단면 2차 모멘트 $I_{\bar{x}}$를 이용하여 구할 수 있다. 즉, 비도심축인 x축에 대한 단면 2차 모멘트 I_x를 다음과 같이 구할 수 있다.

$$I_x = I_{\bar{x}} + Ad^2 \qquad (4\text{-}11)$$

이것을 평행축 정리(parallel-axis theorem)라고 한다. 식(4-11)은 비도심축에 대한 면적의 단면 2차 모멘트는 비도심축과 평행한 도심축에 대한 단면 2차 모멘트와 양축간 수직거리의 제곱에 면적을 곱한 값을 합한 것과 같다는 것을 의미한다.

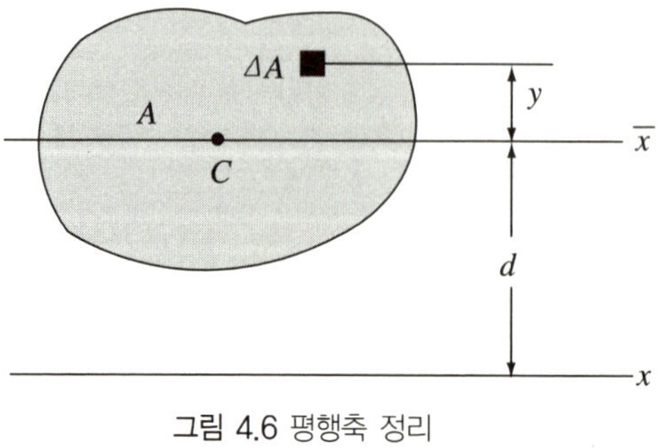

그림 4.6 평행축 정리

표 4.1 일반적인 형상의 간단한 면적의 성질

직사각형

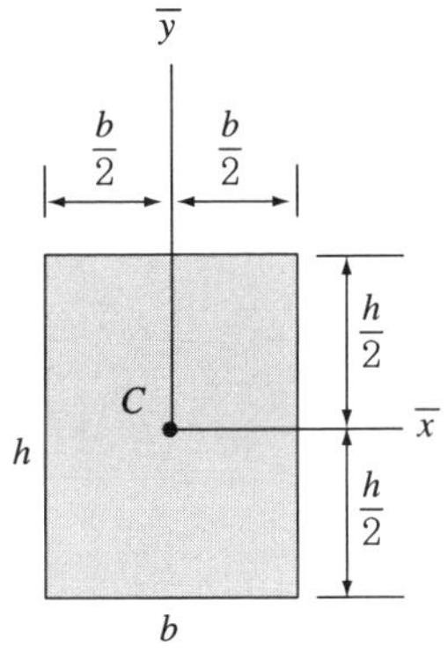

$A = bh$

$\bar{I}_x = \frac{1}{12} bh^3$

$\bar{I}_y = \frac{1}{12} hb^3$

$\bar{J} = \frac{1}{12} bh(h^2 + b^2)$

$\bar{r}_x = \frac{h}{\sqrt{12}}$

$\bar{r}_x = \frac{b}{\sqrt{12}}$

삼각형

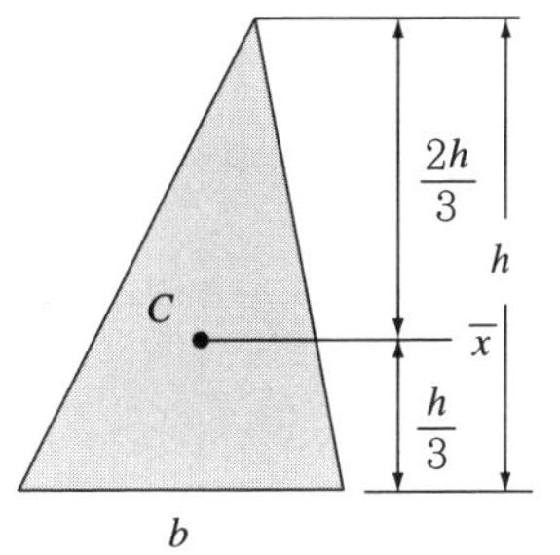

$A = \frac{1}{2} bh$

$\bar{I}_y = \frac{1}{36} bh^3$

$\bar{r}_x = \frac{h}{\sqrt{18}}$

원

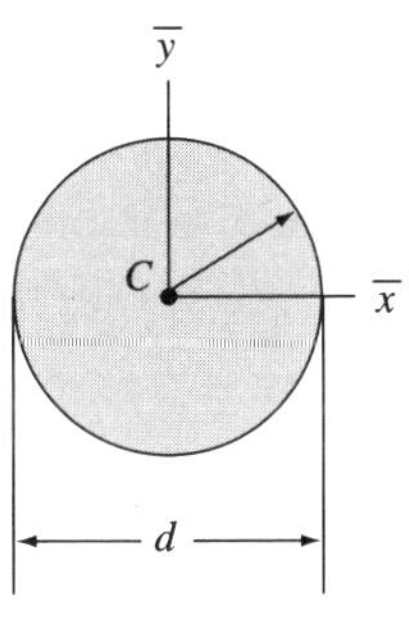

$A = \frac{1}{4} \pi d^2 = \pi r^2$

$\bar{I}_x = \bar{I}_y = \frac{1}{64} \pi d^4 = \frac{1}{4} \pi r^4$

$\bar{J} = \frac{1}{32} \pi d^4 = \frac{1}{2} \pi r^4$

$\bar{r}_x = \bar{r}_y = \frac{1}{4} d$

원환

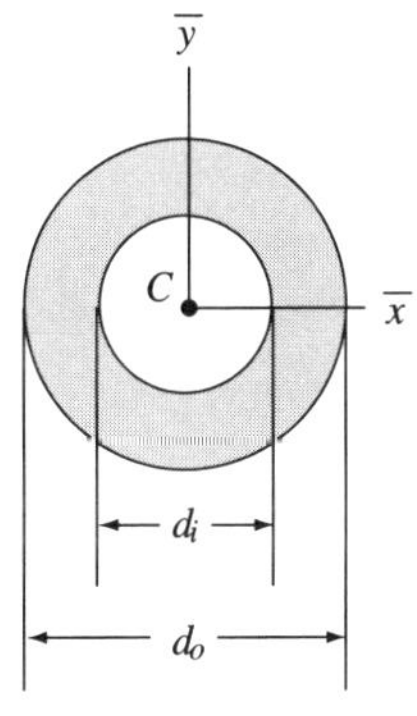

$A = \frac{1}{4} \pi (d_o^2 - d_i^2)$

$\bar{I}_x = \bar{I}_y = \frac{1}{64} \pi (d_o^4 - d_i^4)$

$\bar{J} = \frac{1}{32} \pi (d_o^4 - d_i^4)$

$\bar{r}_x = \bar{r}_y = \frac{1}{4} \sqrt{d_o^4 + d_i^2}$

반원

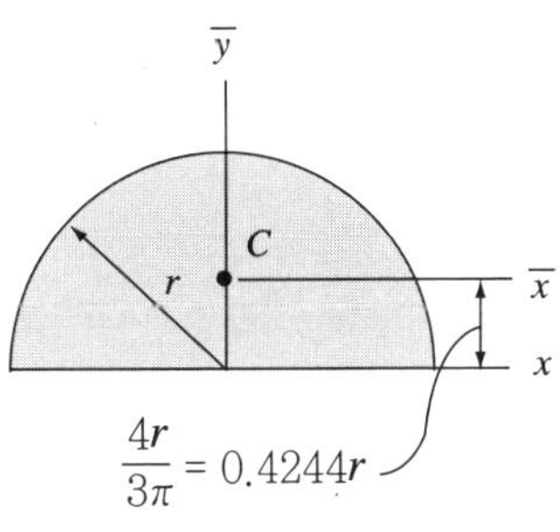

$A = \frac{1}{2} \pi r^2$

$\bar{I}_x = 0.1098 r^4$

$\bar{I}_y = \bar{I}_x = \frac{1}{8} \pi r^4$

$\bar{J} = 0.5025 r^4$

$\bar{r}_x = 0.2644 r$

$\bar{r}_y = r_x = \frac{1}{2} r$

4분원

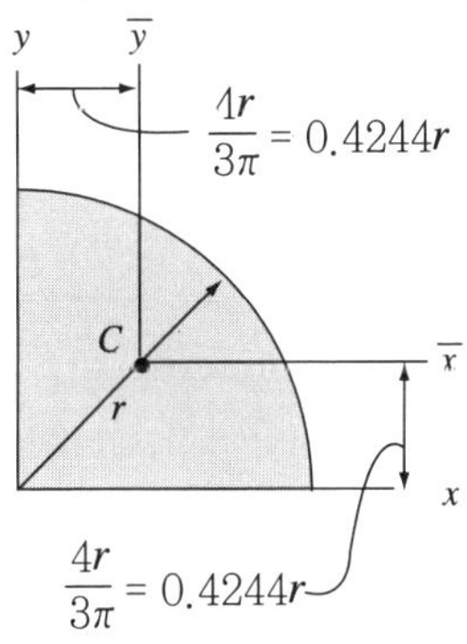

$A = \frac{1}{4} \pi r^2$

$\bar{I}_x = \bar{I}_y = 0.0549 r^4$

$I_x = I_y = \frac{1}{16} \pi r^4$

$\bar{J} = 0.1098 r^4$

$\bar{r}_x = \bar{r}_y = 0.2644 r$

$r_x = r_y = \frac{1}{2} r$

임의의 형상을 가진 그림 4.6에 보인 면적에 대해서 평행축 정리를 증명하여 보도록 한다. 단면 2차 모멘트의 정의에 따르면 비도심축인 x축에 대한 단면 2차 모멘트 I_x는 다음과 같다.

$$I_x = \sum (y+d)^2 \Delta A = \sum (y^2+2dy+d^2) \Delta A$$

$$I_x = \sum y^2 \Delta A + 2d \sum y \Delta A + d^2 \sum \Delta A$$

윗 식의 제1항은 도심축인 $\bar{x}$축에 대한 단면 2차 모멘트 $I_{\bar{x}}$이고, 제2항의 $\sum y \Delta A$는 도심축인 $\bar{x}$축에 대한 단면 1차 모멘트이므로 0 이며, 제3항은 d^2A이다. 따라서, 비도심축인 x축에 대한 단면 2차 모멘트 I_x는 $I_x = I_{\bar{x}} + Ad^2$이다.

(4) 합성면적의 관성모멘트

합성면적의 임의의 축에 대한 단면 2차 모멘트는 합성면적을 표 4.1에 정리한 일반형상면적으로 나누고, 각 면적에 대하여 그 축에 대한 단면 2차 모멘트를 평행축 정리를 이용하여 구한 후, 그 값들을 합하여 구할 수 있다. 예를 들면, 합성면적의 축에 대한 단면 2차 모멘트 I_x는 다음과 같이 구한다.

$$I_x = \sum [I + Ay^2] \qquad (4\text{-}12)$$

여기서, I는 각 면적요소의 도심축에 대한 단면 2차 모멘트이고, y는 각 면적요소의 도심축과 x축간의 수직거리이다.

【예제 4-4】

아래 그림의 각 면적에 대하여 도심축인 X축에 대한 단면 2차 모멘트 및 단면계수를 구하시오.

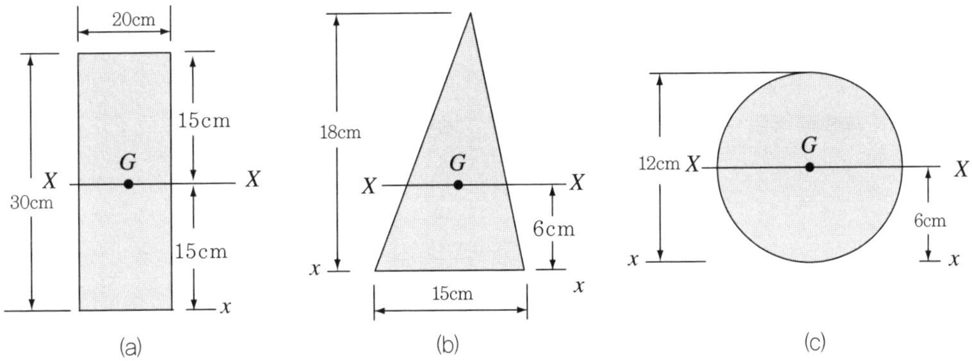

풀이 그림 (a)에 대하여

표 4.1을 이용하면, $I_X = \dfrac{bh^3}{12} = \dfrac{20(30^3)}{12} = 45000(\text{cm}^4)$

단면계수는 $y_1 = y_2$이므로 $Z_1 = Z_2 = \dfrac{I_X}{y_1} = \dfrac{45000}{15} = 3000(\text{cm}^3)$

그림 (b)에 대하여

표 4.1을 이용하면, $I_X = \dfrac{bh^3}{36} = \dfrac{15(18^3)}{12} = 2430(\text{cm}^4)$

단면계수는 $Z_1 = \dfrac{I_X}{y_1} = \dfrac{2430}{12} = 202.5(\text{cm}^3)$

$Z_2 = \dfrac{I_X}{y_2} = \dfrac{2430}{6} = 405(\text{cm}^3)$

그림 (c)에 대하여

표4.1을 이용하면, $I_X = \dfrac{\pi d^4}{64} = \dfrac{\pi(12^4)}{64} = 1017(\text{cm}^4)$

단면계수는 $y_1 = y_2$이므로 $Z_1 = Z_2 = \dfrac{I_X}{y_1} = \dfrac{1017}{6} = 169.5(\text{cm}^3)$

【예제 4-5】

예제 4-4의 그림의 각 면적에 대하여 x축에 대한 단면 2차 모멘트를 구하시오.

풀이 그림 (a)에 대하여

평행축 정리를 이용하면 $I_x = I_X + Ad^2 = 45000 + 20(30)15^2 = 180000(\text{cm}^4)$

그림 (b)에 대하여

평행축 정리를 이용하면 $I_x = I_X + Ad^2 = 2430 + \frac{15(18)}{2}6^2 = 7290(\text{cm}^4)$

그림 (c)에 대하여

평행축 정리를 이용하면 $I_x = I_X + Ad^2 = 1017 + \frac{\pi 12^2}{4}6^2 = 5087(\text{cm}^4)$

【예제 4-6】

아래 그림의 합성면적에 대하여 x축에 대한 단면 2차 모멘트, 도심축인 X축에 대한 단면 2차 모멘트 및 단면계수를 구하시오.

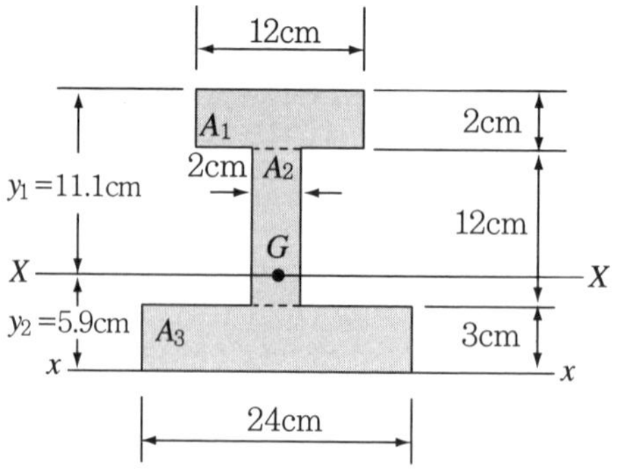

풀이 그림에 보인 바와 같이 합성면적을 A_1, A_2, A_3로 나누고 식 (4-12)를 이용하여 x축에 대한 단면 2차 모멘트를 다음과 같이 계산한다.

$$Ix_1 = I_{X1} + A_1 d_1^2 = \frac{12(2^3)}{12} + 12(2)16^2 = 6152(\text{cm}^4)$$

$$Ix_2 = I_{X2} + A_2 d_2^2 = \frac{2(12^3)}{12} + 2(12)9^2 = 2232(\text{cm}^4)$$

$$Ix_3 = I_{X3} + A_3 d_3^2 = \frac{24(3^3)}{12} + 24(3)1.5^2 = 216(\text{cm}^4)$$

$$\therefore\ Ix = Ix_1 + Ix_2 + Ix_3 = 6152 + 2232 + 216 = 8600(\text{cm}^4)$$

도심축인 X축에 대한 단면 2차 모멘트는 평행축 정리를 이용하면

$$I_X = I_x - Ay_2^2 = 8600 - [12(2)+2(12)+24(3)]5.9^2 = 4423(\text{cm}^4)$$

단면계수는 $Z_1 = \dfrac{I_X}{y_1} = \dfrac{4423}{11.1} = 398(\text{cm}^3)$

$$Z_2 = \frac{I_X}{y_2} = \frac{4423}{5.9} = 750(\text{cm}^3)$$

연습문제

1. 도형의 도심을 지나는 축에 대한 단면 1차 모멘트의 값은?

㉮ 0이다. ㉯ 0보다 크다.

㉰ 0보다 작다. ㉱ 0보다 클 때도 있고 작을 때도 있다.

답 ㉮

2. 다음 도형의 x축에 대한 단면 1차 모멘트는?

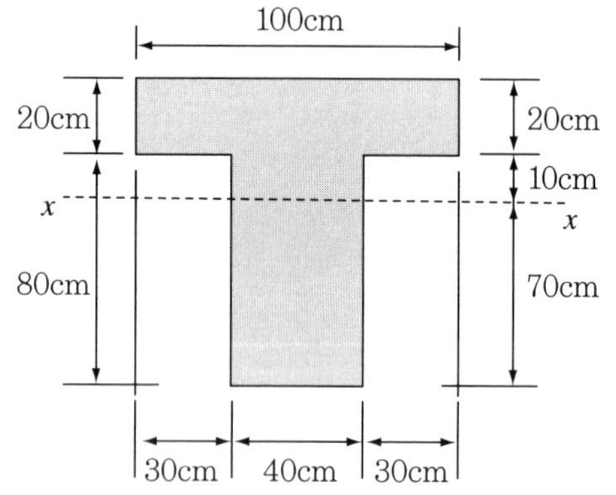

풀이

답 -56000cm^3

3. 그림과 같은 반지름 r인 반원의 X축에 대한 단면 1차 모멘트는?

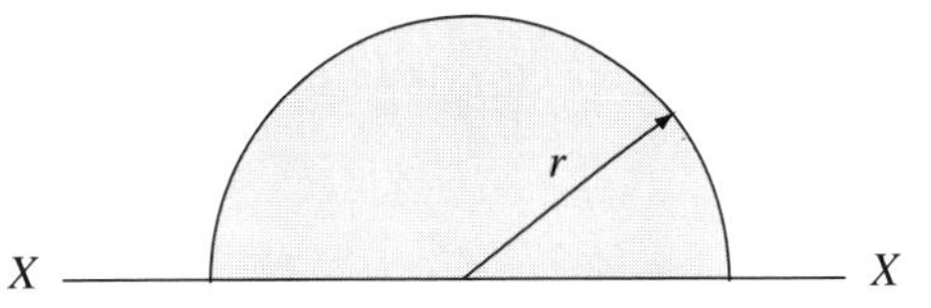

풀이

답 $\frac{2r^3}{3}$

4. 그림과 같은 직교 좌표계 위에 있는 사다리꼴 면적의 도심의 좌표는?

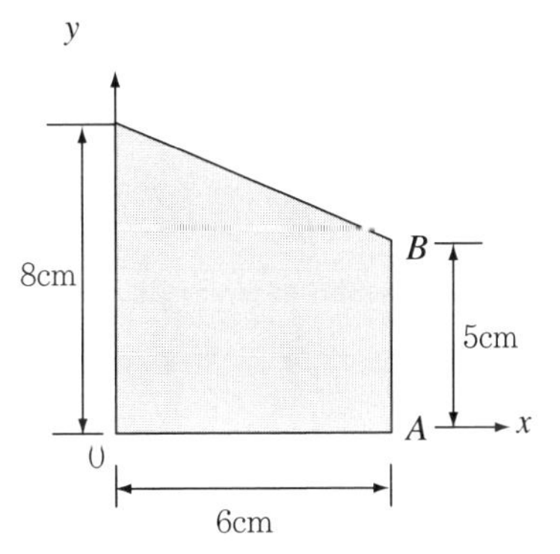

풀이

답 x=2.77cm, y=3.31cm

5. 그림과 같이 $\frac{1}{4}$원 중에서 음영진 부분의 면적의 도심 y_0는?

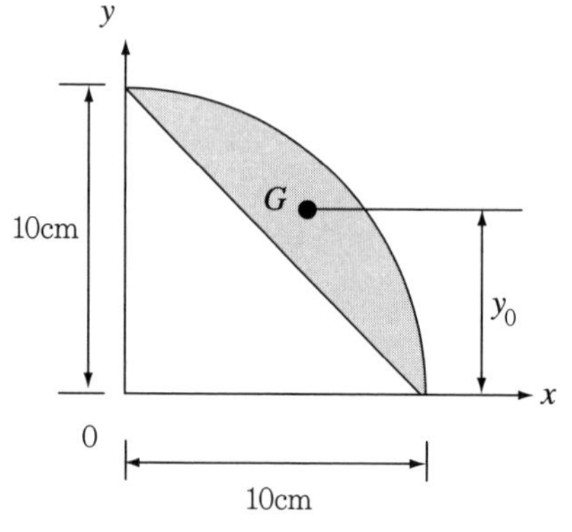

풀이

답 5.84cm

6. 다음 L형 단면에서 도심 $\bar{x}$의 값은?

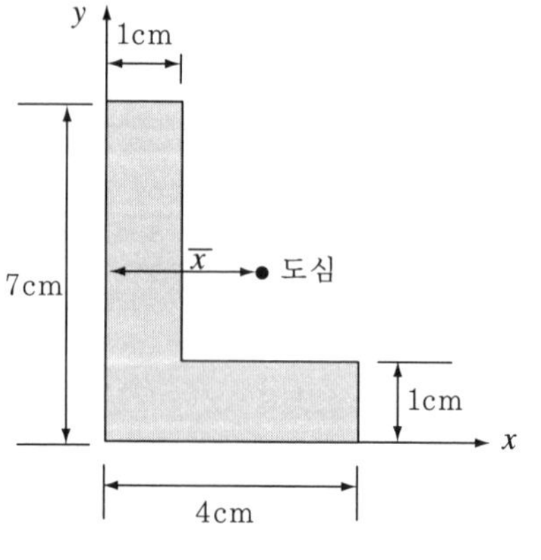

풀이

답 1.1cm

7. 그림과 같이 좌우 대칭인 T형 도형의 도심 y_o의 값은?

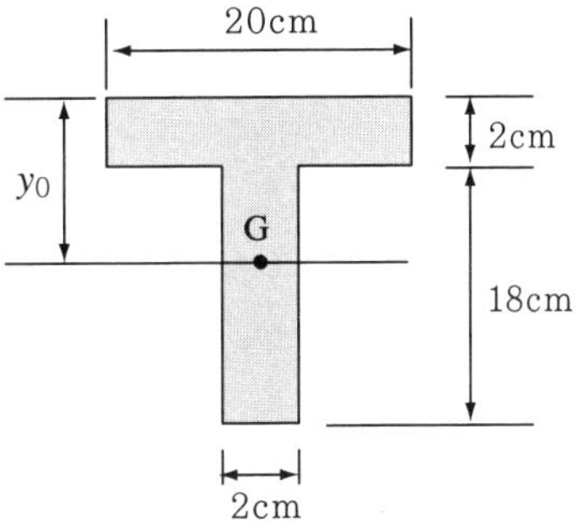

풀이

답 5.74cm

8. 그림과 같이 반지름 r인 원에서 r을 지름으로 하는 작은 원을 도려낸 음영진 면적의 도심의 $\bar{x}$좌표는?

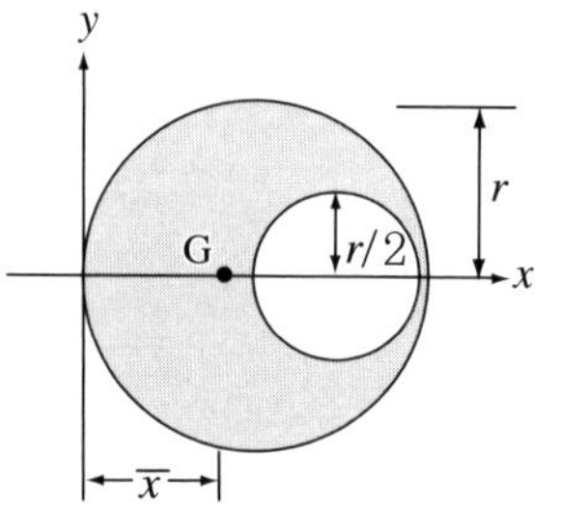

풀이

답 $\frac{5}{6}r$

9. 다음 포물선에서 도심거리 $\bar{x}$ 와 $\bar{y}$는?

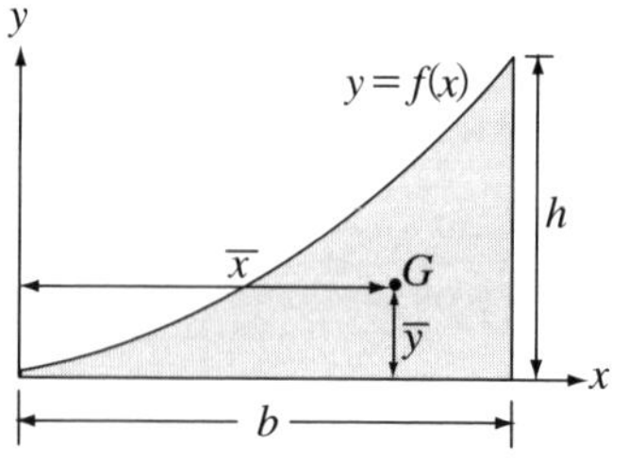

풀이

답 $\bar{x} = \frac{3}{4}b,\ \bar{y} = \frac{3}{10}h$

10. 다음 그림에서 음영진 면적의 도심축 x에 대한 단면 2차 모멘트는?

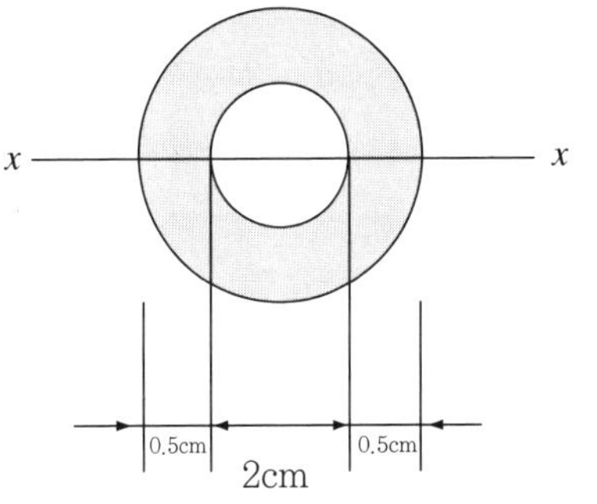

풀이

답 3.19cm^4

11. 사다리꼴 단면에서 x축에 대한 단면 2차 모멘트 값은?

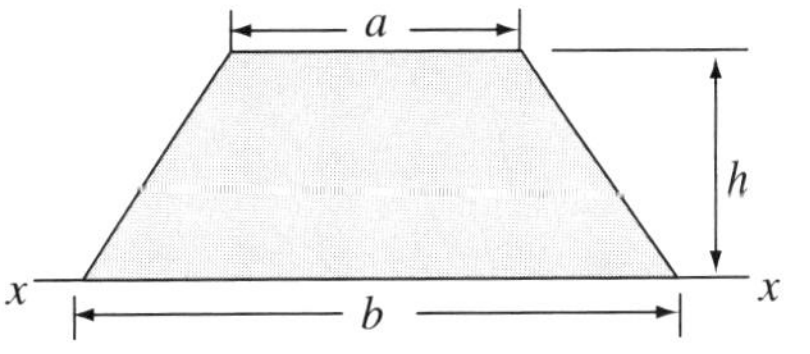

풀이

답 $\dfrac{h^3}{12}(b+3a)$

12. 다음 도형의 도심축에 관한 단면 2차 모멘트를 I_g, 밑변을 지나는 x축에 관한 단면 2차 모멘트를 I_x라 하면 I_x/I_g값은?

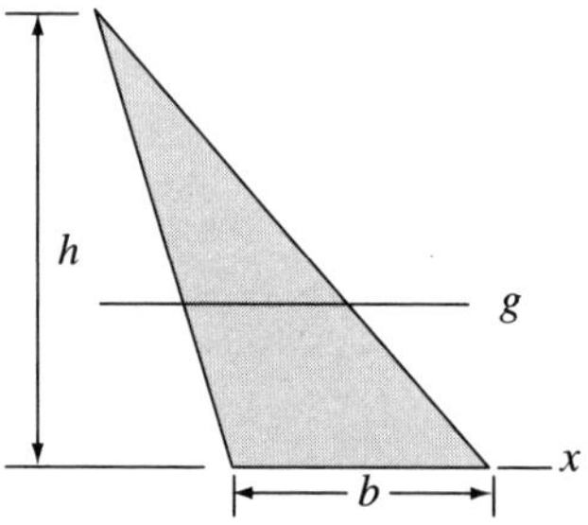

풀이

답 3

13. 다음 그림에서 A-A축에 대한 단면 2차 모멘트 값은?

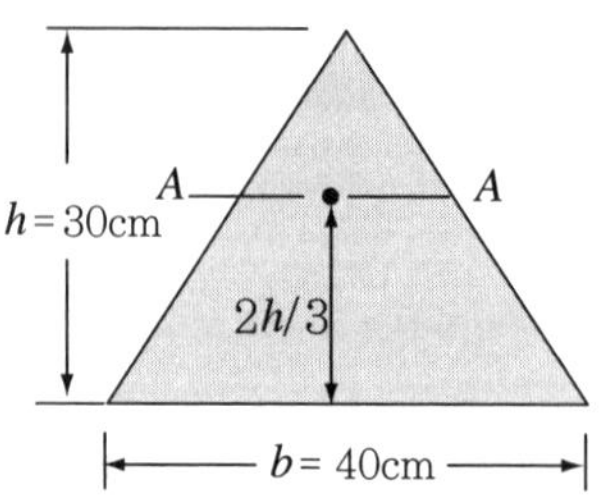

풀이

답 90,000cm^4

14. 그림과 같은 원형 단면의 x축에 대한 단면 2차 모멘트 값은?

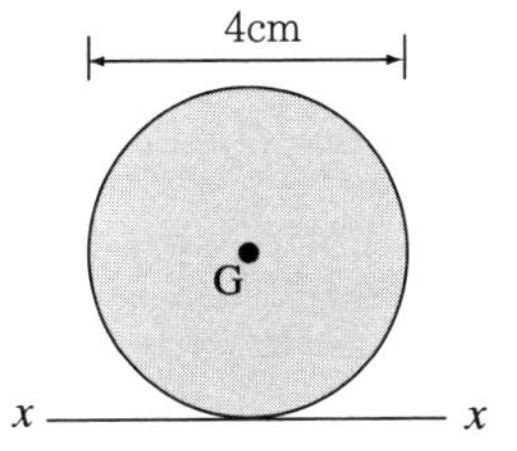

풀이

답 $20\pi \text{cm}^4$

15. 다음 그림과 같은 단면의 x-x축에 대한 단면 2차 모멘트 값은?

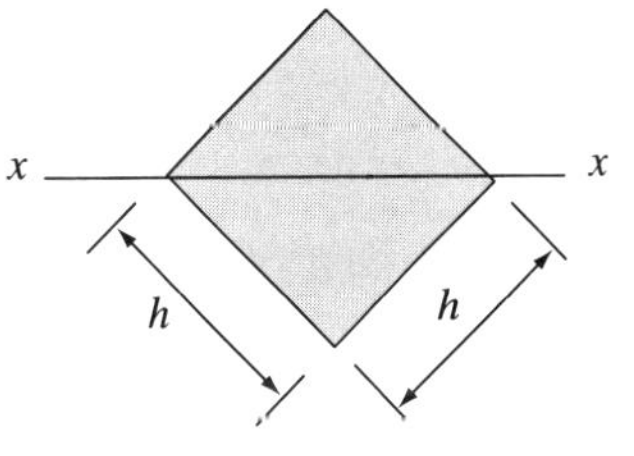

풀이

답 $\dfrac{h^4}{12}$

16. 4분원의 도심을 지나는 X축에 대한 단면 2차 모멘트는?

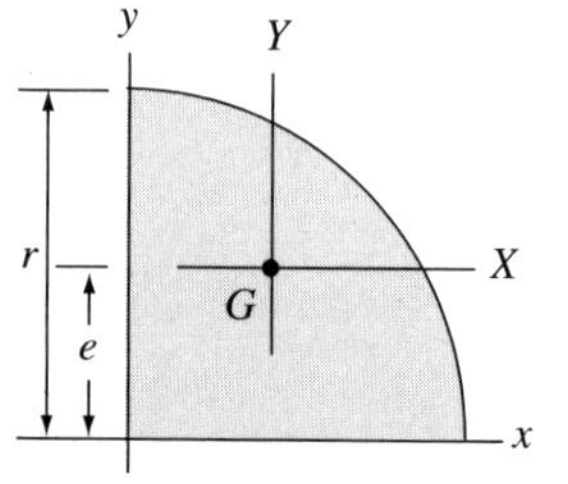

풀이

답 $\frac{\pi r^4}{16} - \frac{4r^4}{9\pi}$

17. 음영진 도형의 x축에 대한 단면 2차 모멘트는?

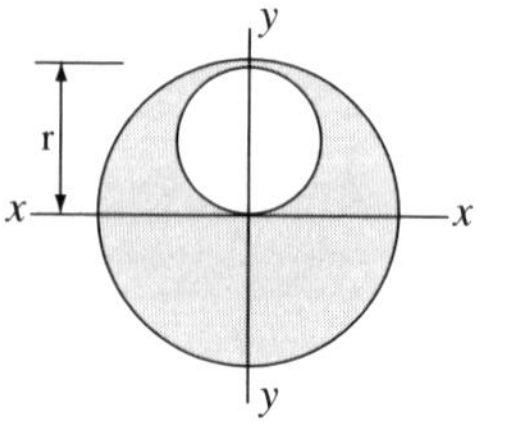

풀이

답 $\frac{11}{64}\pi r^4$

18. 그림과 같이 직경 d인 원형 단면의 B-B축에 대한 단면 2차 모멘트는?

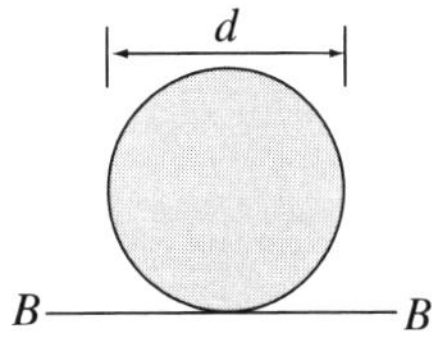

풀이

답 $\frac{5}{64}\pi d^4$

19. 다음에서 X축의 단면 2차 모멘트는?

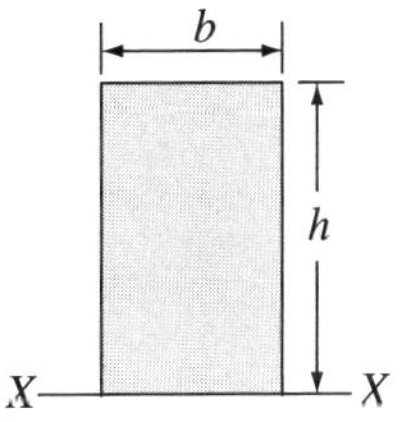

풀이

답 $\frac{bh^3}{3}$

20. 그림과 같은 이등변 삼각형에서 y축에 대한 단면 2차 모멘트를 구하시오.

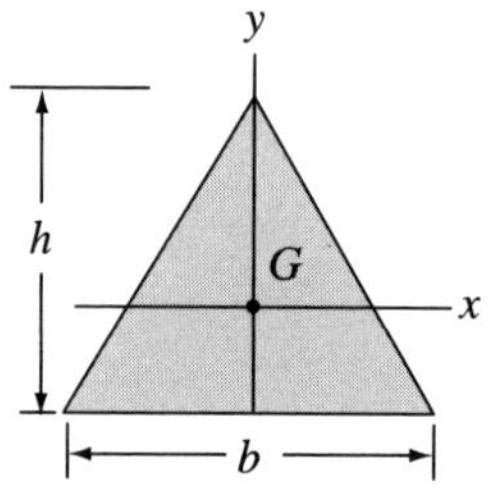

풀이

답 $\dfrac{hb^3}{48}$

21. 도심축에 대한 단면 2차 모멘트 $I=3140cm^4$인 원형 단면의 지름은 얼마인가?

풀이

답 15.9cm

22. 반지름 2cm인 반원의 도심에 대한 단면 2차 모멘트 I_{x_0}값은?

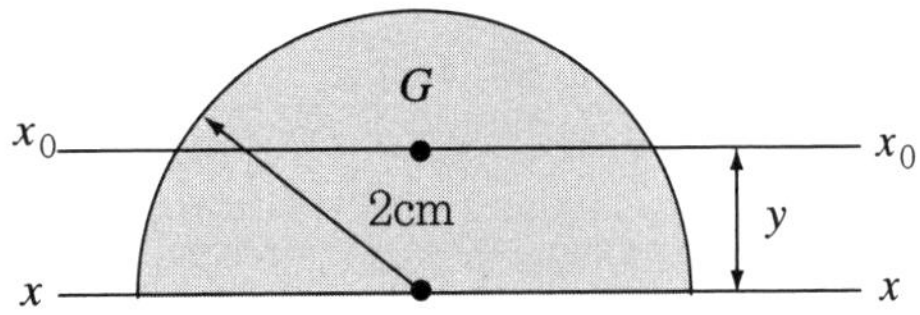

풀이

답 1.75cm^4

23. 그림과 같은 I형 단면의 도심축에 대한 단면 2치 모멘트는?

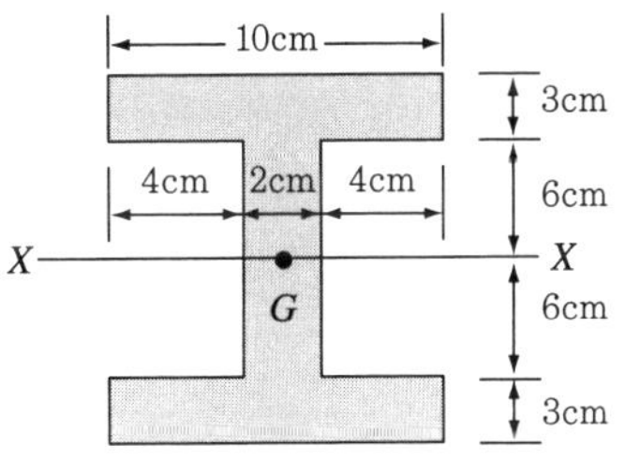

풀이

답 3708cm^4

24. 다음 그림과 같은 단면의 A-A축에 대한 단면 2차 모멘트는?

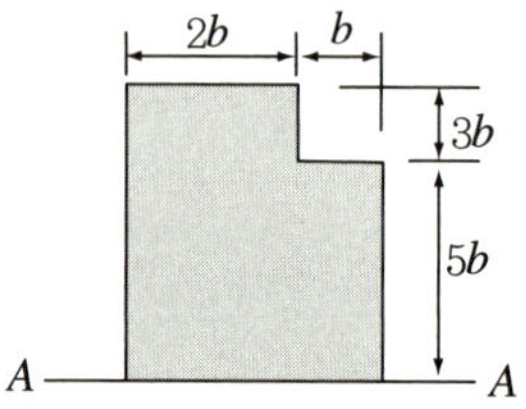

풀이

답 $558b^4$

25. 다음 단면의 x-x축에 대한 단면 2차 모멘트 값은?

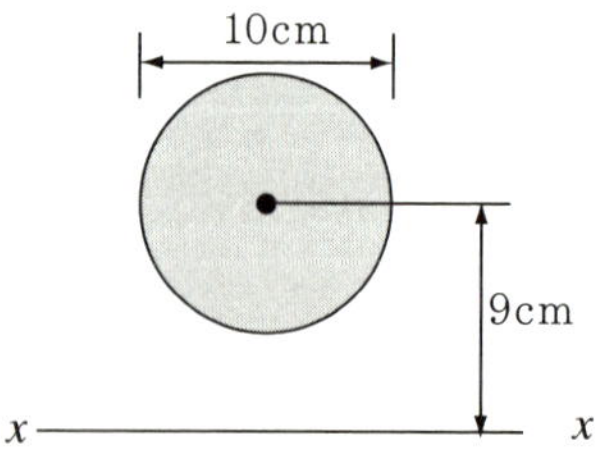

풀이

답 $6,849cm^4$

26. 다음 그림에서 y축에 관한 단면 2차 모멘트의 값은?

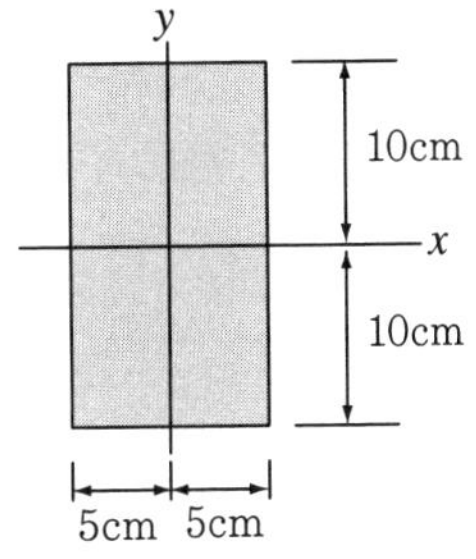

풀이

답 $1666cm^4$

27. 밑변 b, 높이 h인 삼각형 단면의 밑변을 지나는 수평축에 관한 단면 2차 모멘트 값은?

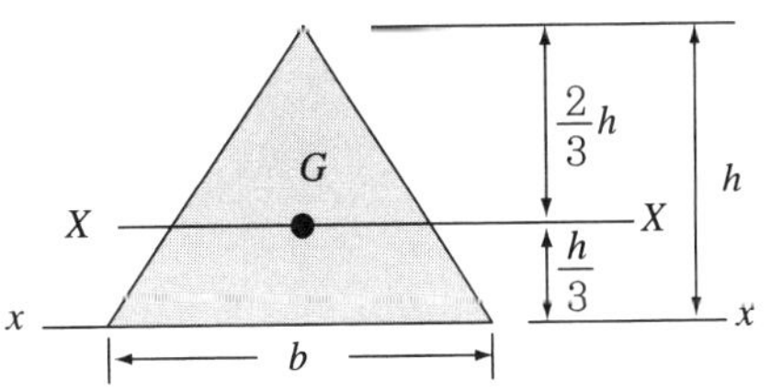

풀이

답 $\dfrac{bh^3}{12}$

28. 다음 음영진 부분의 x축에 관한 단면 2차 모멘트는?

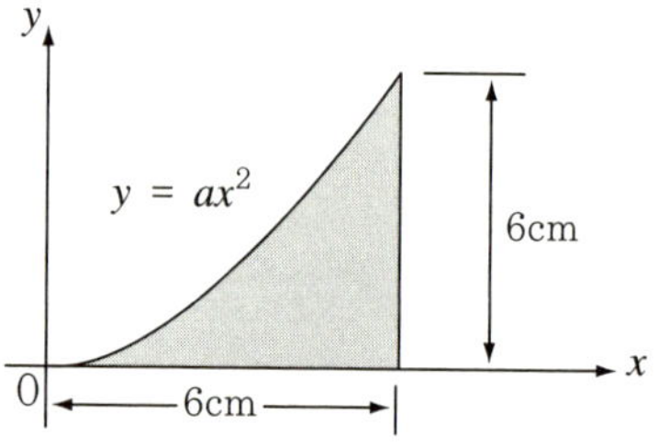

풀이

답 I_x=62cm^4

29. 단면적 A의 중립축에 대한 단면 2차 모멘트를 I_G라 하고, 중립축에서 y만큼 떨어진 축에 대한 단면 2차 모멘트를 I_y라 하면 I_y와 I_G의 관계식은?

답 $I_y=I_G+A \cdot y^2$

30. 다음 단면에서 x축에 관한 단면 2차 모멘트는?

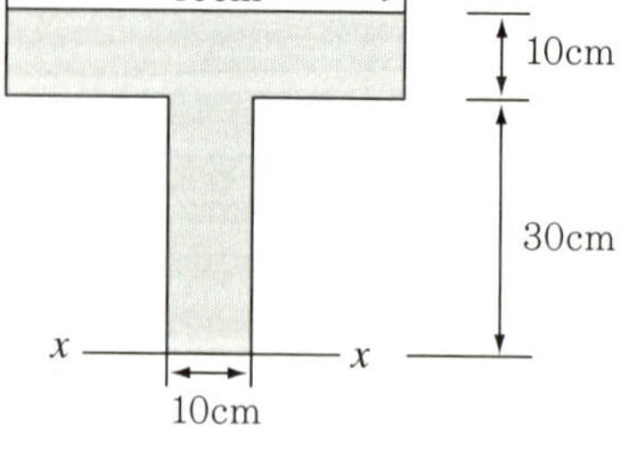

풀이

답 583,333cm^4

31. 그림과 같이 높이가 a인 (A), (B), (C)에서 각각 도심을 지나는 x-x축에 대한 단면 2차 모멘트 크기의 순서는?

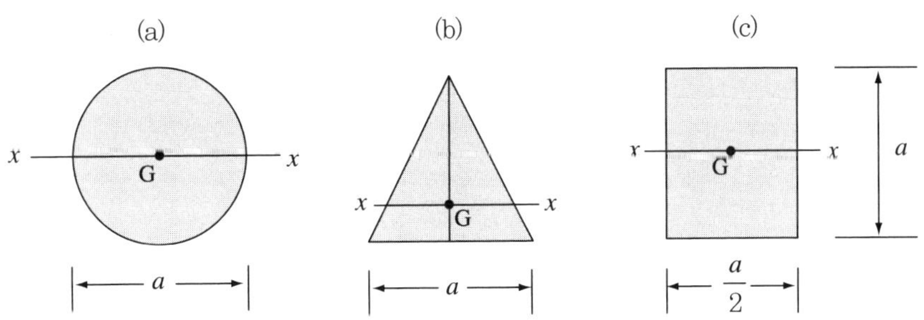

풀이

답 B<C<A

32. 중심축에 대하여 단면 2차 모멘트 I_x는 얼마인가?

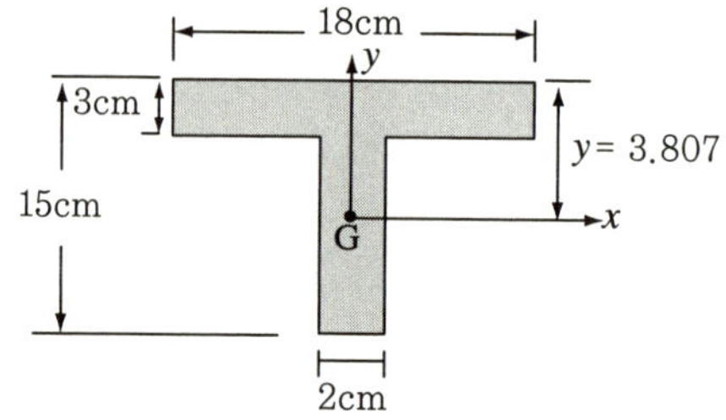

풀이

답 $1263cm^4$

33. 다음 그림과 같은 L형강 단면의 회전 반경 r_x는?
(단, 단면적 A=22.8cm^2, I_x= 512.4cm^4)

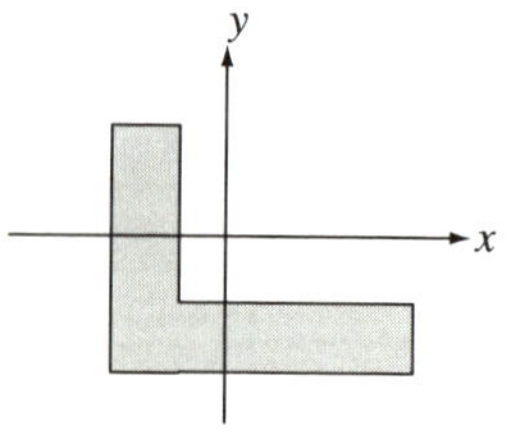

풀이

답 4.77cm

34. 그림과 같은 직사각형 도형의 도심을 지나는 X, Y 두 축에 대한 최소 회전반지름의 크기는?

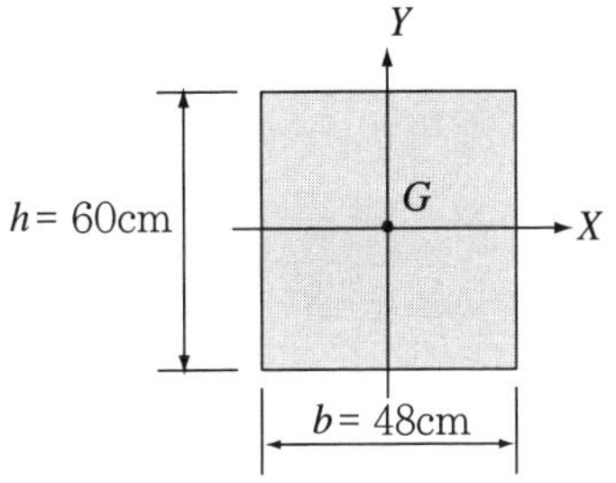

풀이

답 13.86cm

35. 그림과 같은 2등변 삼각형에서 y축에 대한 회전 반경 r_y는?

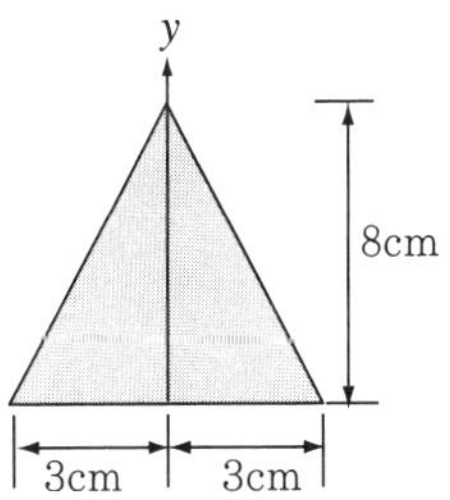

풀이

답 $\sqrt{3/2}$cm

36. 다음 그림과 같은 T형 단면의 x–x축에 대한 회전 반지름 $r_{x\text{-}x}$는?

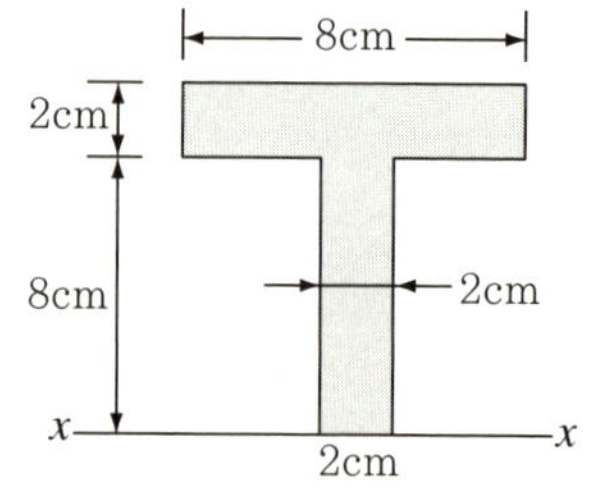

풀이

답 7.16cm

37. 다음 그림과 같은 삼각형 단면의 n–n축에 대한 회전반지름은?(단, n–n축은 도심축이다.)

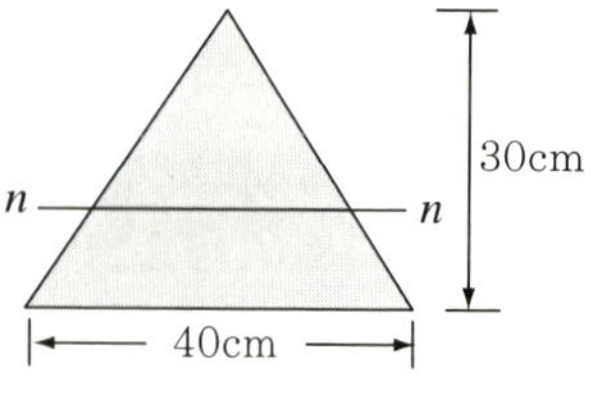

풀이

답 7.07cm

38. 다음 직사각형 단면에서 최소 회전반지름의 크기는?

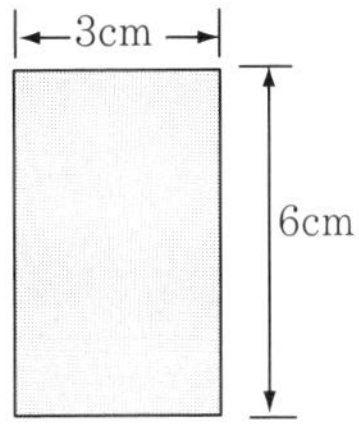

풀이

답 0.866m

39. 그림과 같은 평면도형의 x축에 대한 회전반지름과 단면 2차 모멘트는?

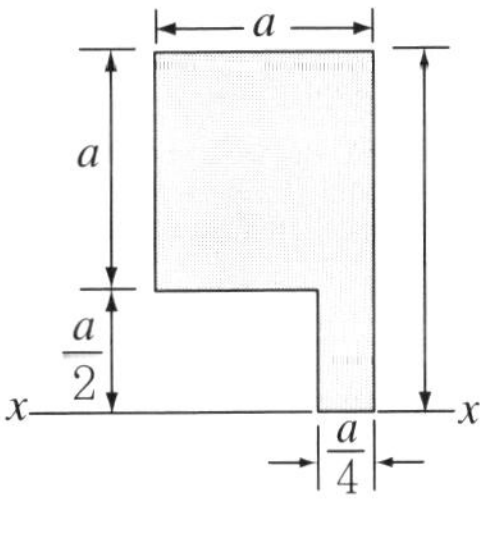

풀이

답 $I_x = \frac{35}{32}a^2$, $r_x = \sqrt{\frac{35}{6}}a$

40. 원형 단면의 지름을 D, 단면적을 A라 하면, 단면계수는 $\frac{\pi D^3}{32}=\frac{1}{8}A\cdot D$가 된다. 이 원과 같은 단면적을 가진 정사각형 단면의 단면계수는?

풀이

답 0.147A · D

41. 폭 16cm, 높이 18cm의 직사각형 단면과 같은 단면계수를 갖기 위해서는 높이를 24cm로 할 때 폭의 크기는?

풀이

답 9cm

42. 단면적이 동일한 정사각형 단면과 원형 단면이 있다. 정사각형의 단면계수는 원형단면의 단면계수에 몇 배가 되는가?

풀이

답 1.18배

43. 그림 (a), (b)에서 x축에 관한 단면 2차 모멘트와 단면계수에 관하여 옳은 것은?

㉮ 단면 2차 모멘트와 단면계수가 서로 같다.

㉯ 단면 2차 모멘트는 같고, 단면계수는 (a)쪽이 크다.

㉰ 단면 2차 모멘트는 같고, 단면계수는 (b)쪽이 크다.

㉱ 단면 2차 모멘트와 단면계수가 서로 다르다.

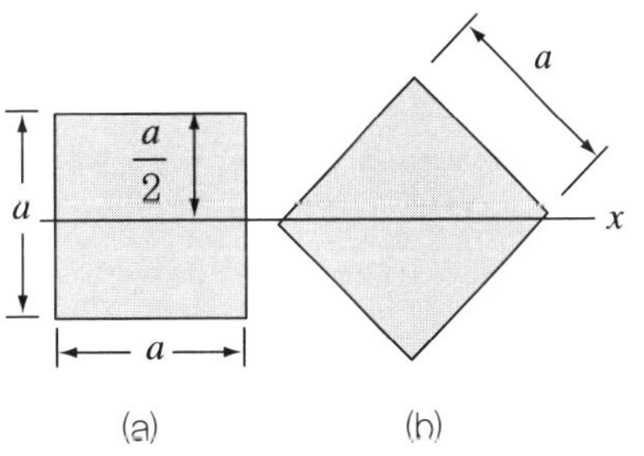

풀이

답 ㉯

44. 다음 단면에서 도심축 상단의 단면계수는?

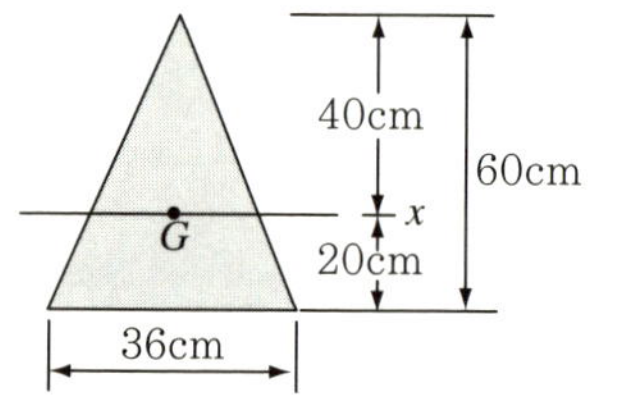

풀이

답 $5400cm^3$

45. 직경 D인 원형 단면의 단면계수는?

풀이

답 $\frac{\pi D^3}{32}$

46. 그림과 같은 직사각형 단면의 단면계수는?

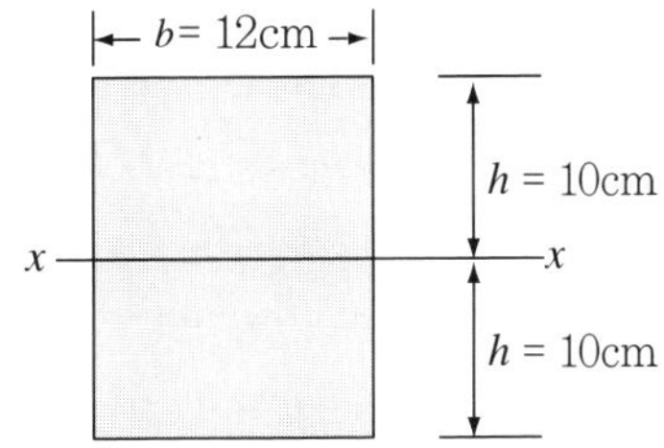

풀이

답 $800cm^3$

47. 사각형 단면에서 폭 b와 높이 h인 합이 일정(b+h=c)할 때 단면계수가 최대가 되기 위한 b×h의 크기는?

풀이

답 $\frac{1}{3}C \times \frac{2}{3}C$

48. 그림과 같은 원형 단면에서 최대 단면계수를 갖는 직사각형 단면을 얻으려면 폭 b와 높이 h의 비를 얼마로 하면 되겠는가?

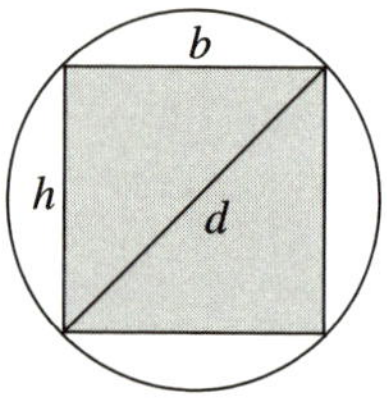

풀이

답 $b:h=1:\sqrt{2}$

49. 그림과 같은 단면의 최대 단면계수는 얼마인가?

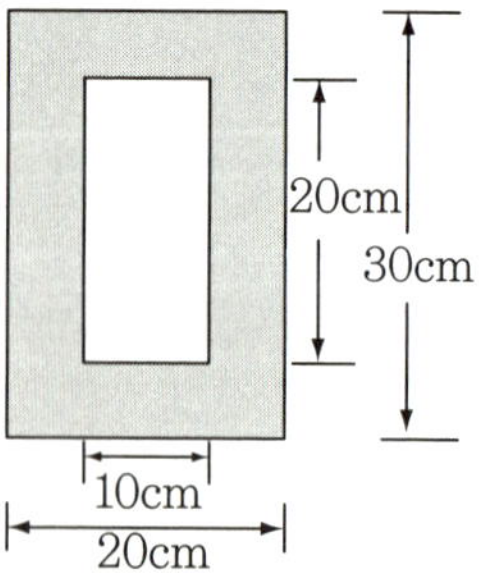

풀이

답 $2555cm^3$

50. 다음 그림의 직사각형 단면에서 O점에 대한 극관성모멘트는?

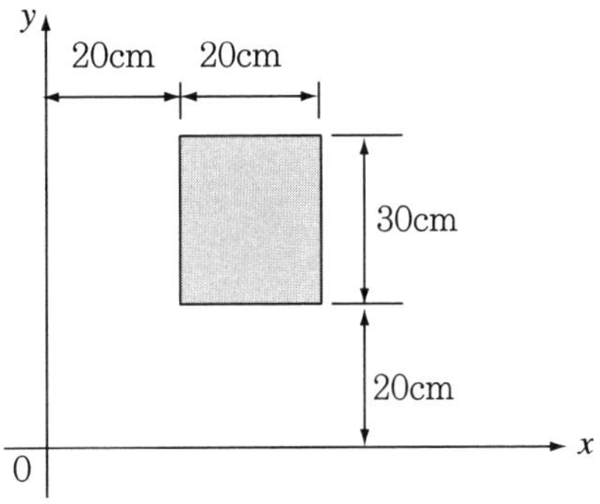

풀이

답 1,340,000cm^4

51. 반지름이 d인 원형 단면의 극관성모멘트는?

풀이

답 $\frac{\pi d^4}{2}$

52. 그림과 같은 직사각형 단면의 A점에 대한 극관성모멘트는?

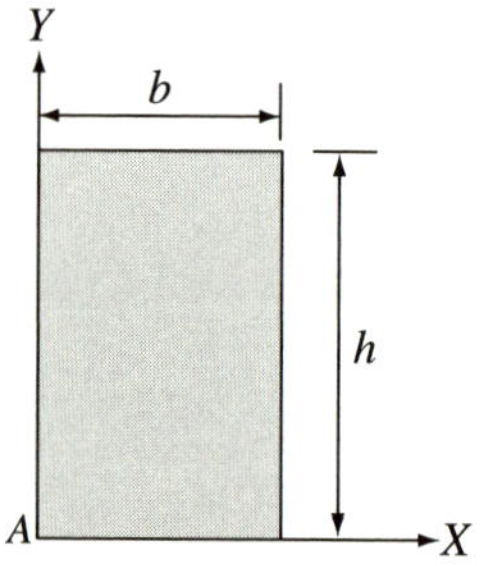

풀이

답 $\frac{bh}{3}(b^2+h^2)$

53. 어떤 평면 도형의 극점 O에 대한 극관성모멘트가 1600cm^{4}이다. O점을 지나는 x축에 대한 단면 2차 모멘트가 1024cm^{4}이면, x축과 직교하는 y축에 대한 단면 2차 모멘트는?

풀이

답 576cm^4

54. 그림과 같은 원형 단면의 지름이 d일 때 중심 O에 대한 극관성모멘트는?

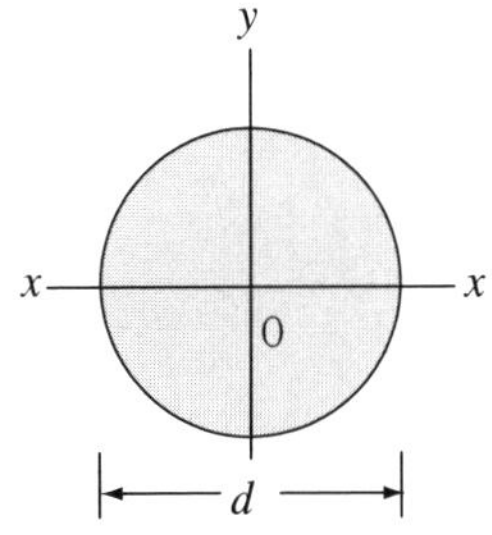

풀이

답 $\frac{\pi d^4}{32}$

55. 반지름 r인 원형 단면의 원주상 한점에 대한 극관성 모멘트는?

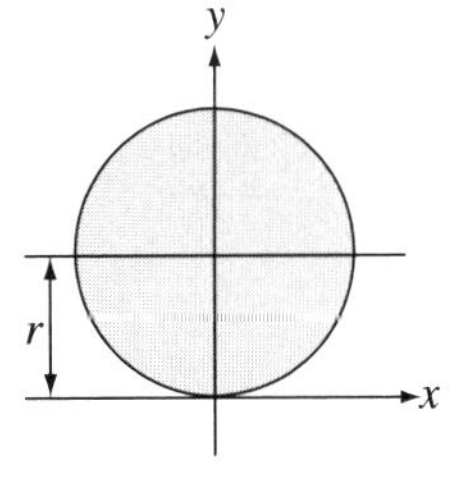

풀이

답 $\frac{3\pi r^4}{2}$

56. 그림과 같은 정사각형 단면에서 극관성모멘트는?

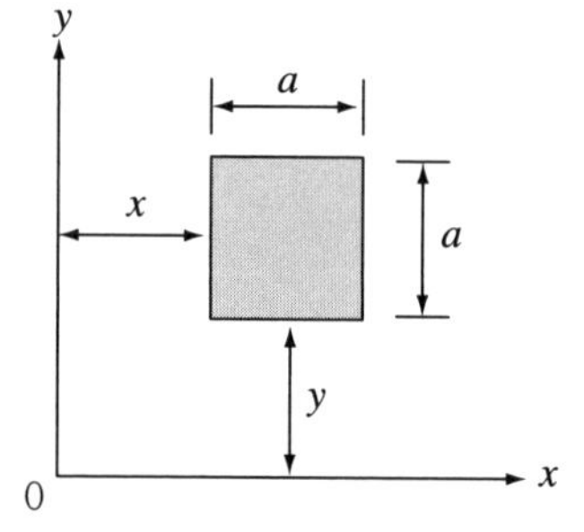

풀이

답 $\frac{a^4}{6}+a^2[(y+\frac{a}{6})^2+(x+\frac{a}{2})^2]$

57. 다음 그림과 같은 직사각형 단면의 도심에 대한 극관성모멘트는?(단, h=2b이다.)

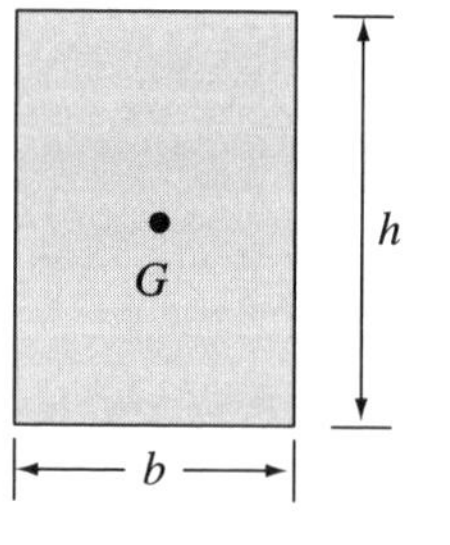

풀이

답 $\frac{5}{6}b^4$

58. 그림과 같은 직사각형 단면의 주축에 대한 단면 2차 모멘트의 합은?

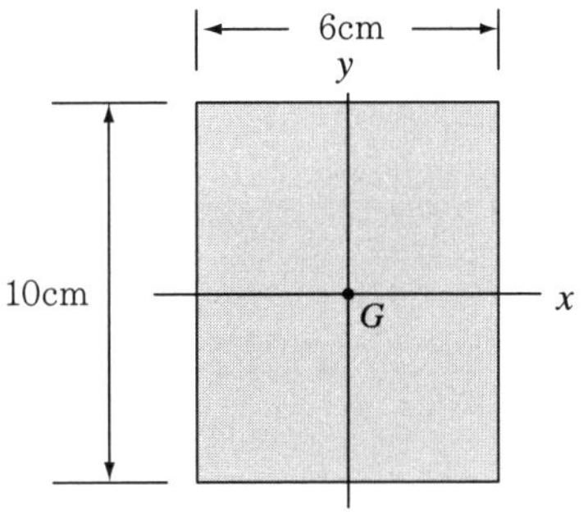

풀이

답 $680cm^4$

59. 어떤 평면도형의 극점 O에 대한 극관성모멘트가 $1600cm^4$이다. O점을 지나는 X축에 대한 단면 2차 모멘트가 $1024cm^4$이면, X축과 직교하는 Y축에 대한 단면 2차 모멘트는?

풀이

답 $576cm^4$

60. 다음 그림의 도형에서 x, y축에 대한 단면 상승 모멘트 값은?

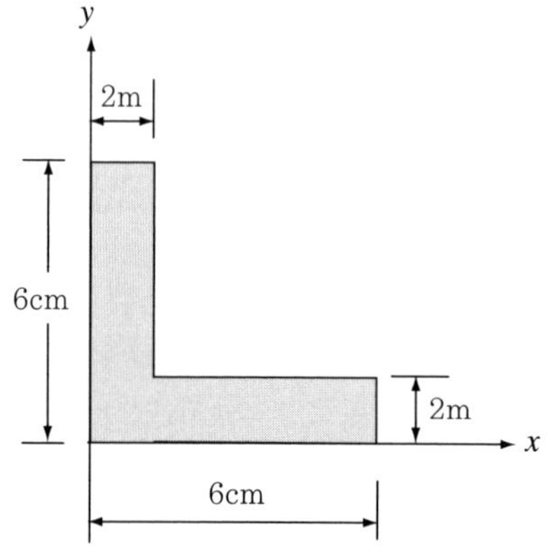

풀이

답 68cm^4

61. 다음 그림에서 O는 도심이고 y는 대칭축일 때 다음 중 옳은 것은?

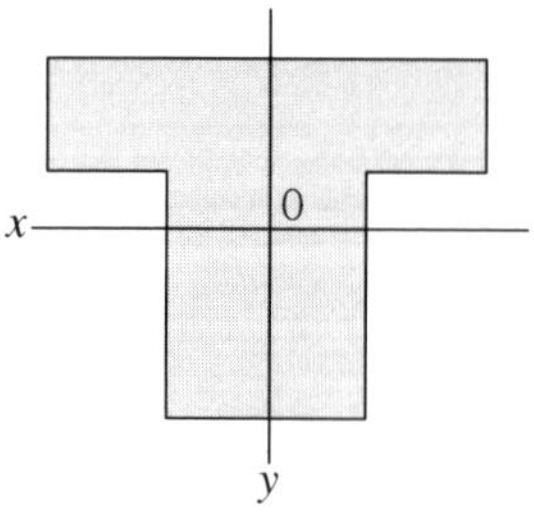

㉮ 단면 상승 모멘트 I_{xy}는 0이다.

㉯ 단면 2차 모멘트 I_x는 0이다.

㉰ 단면 1차 모멘트 G_y는 0이 아니다.

㉱ 확실한 치수가 없으므로 0인지 아닌지 단정할 수 없다.

답 ㉮

참고문헌

- 서울산업대학교 산업교육연구소, 고등학교 역학, 교육부, 1998.
- Gere, J. M., and Timoshenko, S. P., Mechanics of Materials, Littf Educational Publishing, Inc., 1984.
- Cheng, F. H., Statics and Strength of Materials 2/e, McGraw-Hill Book Co., 1997.
- Beer, F. P., and Johnston, E. R., Vector Mechanic for Engineers Statics 3/e, McGraw-Hill, Inc., 1977.
- McCormac, J., and Elling, R. E., Structural Analysis: A Classical and Matrix Approach, Harper & Row, Publishers, Inc., 1988.

저자 약력

김 대 중

- 전남대학교 토목공학과 졸업
- 전남대학교 토목공학과 공학박사
- 전남도립대학 토목환경과 교수
- djkim@dorip.ac.kr

모 귀 석

- 전남대학교 토목공학과 졸업
- 전남대학교 토목공학과 공학박사
- 대불대학교 기술교육과 교수
- mgs@db.ac.kr

만화로 보는 정역학(Statics)

저 자	김 대 중 모 귀 석
발 행 처	구미서관
발 행 인	임 해 진
인 쇄	2010년 6월 17일 초판 1쇄 인쇄
발 행	2010년 6월 24일 초판 1쇄 발행
주 소	서울시 마포구 동교동 174-7 구미빌딩
등 록	1979년 6월 29일 No. 9-6호
I S B N	978-89-8225-792-6 (93530)

Tel : (대)333-1101 Fax : 335-2201
http://www.goomibook.com

정가 16,000원